SHODENSHA
SHINSHO

義明
年恭

前兆現象を科学する

祥伝社新書

まえがき

２０１１年3月11日、いわゆる〝想定外〟の東北地方太平洋沖地震（東日本大震災）が発生しました。Fukushima の名前が Hiroshima, Nagasaki とともに、世界でもっとも有名な日本の地名のひとつとなった日として、長く歴史に刻まれることでしょう。はたして、本当にこの東日本大震災は想定外だったのでしょうか。

東北地方の太平洋沖では、これまでにも岩手県沖や宮城県沖で、繰《く》り返し津波被害を伴う大地震が発生してきました。特に、１８９６年の明治三陸地震では、津波によって岩手県を中心に死者・行方不明者約２万２千人という被害が発生しています。さらに、１９３３年の昭和三陸地震でも、津波により死者・行方不明者約３千人の被害を出しています。

東日本大震災では、揺れによる死者（＝津波以外の死者）はほとんど出ていません。また、初めて首都圏で帰宅困難者の問題や、地盤液状化、さらには長周期地震動（非常にゆっくりとした揺れ）による被害も発生しました。

この超巨大地震では、三陸沖から茨城沖にかけての日本海溝沿いで、およそ500㎞×200㎞の領域が平均10〜20ｍもずれました。政府・地震調査委員会の長期評価では、このような巨大地震は想定されていませんでした。しかし、ボーリングなどによる津波堆積《たいせき》物の調査から、仙台《せんだい》平野や福島のかなり内陸まで、複数回の津波が到達した痕跡《こんせき》が1990年にはすでに明らかになっていました。したがって、地震後に言われた「想定外」ということでは、けっしてなかったのです。

1995年の阪神・淡路大震災以降、国の地震予知研究は大きくトーンダウンし、東日本大震災でも予知できず、地震予知不可能論が世間に広まりました。ところが近年は大学など公的研究機関ではなく、民間の地震予知情報が世間をにぎわしています。

こうした民間の地震予知情報については、支持する声と批判する声とがあります。批判する側の中には、彼らを糾弾《きゅうだん》するような過激なものまであります。しかしながら、いずれの情報も本人の同意のもと、2次使用はしないという前提で会員向けに配信されている情報なので、「信じてはいけない」と批判されても、信じるか信じないかは本人次第です。

ところが、それで済まされない側面があります。会員向けであっても情報は、それが重大な予知であればあるほど世間に漏《も》れてしまいます。地震予知情報は週刊誌やテレビ番組でもしばしば取り上げられます。このように社会的な影響を及ぼすものが地震予知情報なのです。

本書では民間の地震予知情報として、世間で注目を集めている地震科学探査機構のGPSデータと、八《やっ》ヶ岳南麓《たけなんろく》天文台のFM電波、さらにVLF電波伝搬の異常により地震を予測する地震解析ラボの3つを取り上げることにします。できる限り客観的な検証を心がけたつもりです。

いまや日本は1100年ぶりの地震・火山の活動期に入ったとも考えられています。本書では、民間の予知情報に加え、最新の地震予知研究の成果と、その情報発信の問題や、地震流言といった「地震発生のうわさ」についても、いくつかの実例を挙げて紹介したいと思います。さらに、今後日本が遭遇する地震・火山噴火についても紹介し、「死なないためにできること」も提案していきたいと思います。

なお、本書では、地震カタログとして、気象庁一元化震源データ、地殻変動データとして、国土地理院の電子基準点データを使用しています。

地震前兆現象を科学する——目次

第2章　地震予測情報のリテラシー——33

第3章　3つの民間地震予測情報を読み解く――69

第5章　人が捉《とら》える前兆現象――115

第6章　日本の地震予測研究の実情――149

第1章

東日本大震災は、本当に想定外だったのか？

●想定外ではなかった地震と津波

２０１１年東日本大震災を引き起こしたマグニチュード（M）９・０の超巨大地震は、「想定外」の地震と言われました。また、その後に起きた福島第一原子力発電所の事故でも、「想定外」という言葉がひんぱんに使われました。

ところが、事実がいろいろと明らかになるにつれ、この地震はけっして想定外ではなかったことがわかってきました。歴史をひもとくと８６９年の貞観《じょうがん》地震が、今回の地震と同程度の大津波を引き起こしていたのです。

貞観地震の前には、８６４年に富士山で、青木ヶ原樹海を作った貞観の大噴火がありました。この噴火により、西湖《さいこ》と精進湖《しょうじ》が生まれました。また、貞観地震から２年後の８７１年には、鳥海山《ちょうかいさん》も噴火しました。さらに、９年後の８７８年には、現在の神奈川県を震源とする大地震が発生しました。それからさらに９年後の８８７年には、推定M８・０〜８・５の南海トラフの巨大地震（仁和《にんわ》の地震）が発生し、当時の五畿七道《ごきしちどう》に被害がおよび、現在の大阪湾が巨大津波に襲われました。現在は、９世紀以来の地震・火山活動の活動期に入ったと考えられます。

●小さい地震が多くなれば、大きな地震も増える

大地震の前には震源となる場所の周辺で、地震の起こり方に変化が生じることがあります。地震のマグニチュードの説明には、よく「地震の規模を表わす」という枕詞《まくらことば》がつきます。マグニチュードと震度というのは、同じような数字（6とか7とか）のため、よく混同されることがあります。極論を言えば、地震学者が一般の方向けに書く文章の半分は「マグニチュードと震度の違い」についてになります（本書でも第2章で再度取り上げています）。

たとえば次の文章には〝地震〟という言葉が2回出てきます。実はこの2回の〝地震〟は意味がまったく違います。

「○月×日午後3時10分ごろ、福島で震度2の地震がありました。気象庁の観測によると、震源地は福島沖で、震源の深さは浅く、地震の規模を示すマグニチュード（M）は4・0でした」

この文章の最初に出てくる〝地震〟は単に地面が揺れたということを指しており、「地面の震動」を表わしています。これに対して、2番目の〝地震〟は研究者が使用する意味の地震で、地下で起きている現象（断層運動）そのものを表わしています。「地震」を「地面の揺れ」と考えると、**地震の規模＝地面の揺れの規模**となり、マグニチュードと震度という言葉が本質的に誤解される大きな原因がここにあります。

また、ある期間に発生した地震の数と、発生した地震のマグニチュードの頻度分布には、きわめて普遍的な関係が存在します。それは『**大きな地震と小さな地震の発生数の割合は一定**』というものです。これはグーテンベルグ・リヒター則と呼ばれており、地震の発生に関するきわめて重要な統計的法則として広く認められています。

これを一般的な話に置き換えてみます。たとえば、ある女性が1年間に銀座に10回、新宿に10回、パリに1回買い物に行くとします。ある年にこの女性が銀座に200回買い物に行ったとすると、新宿には20回、パリには2回必ず買い物に行っていることになります。つまり、銀座での買い物＝小地震、パリでの買い物＝大地震とすると、この比率は常に一定なのです。

地震は、小地震だけが発生する、あるいは大地震だけが発生するということはなく、基本的に大地震と小地震の発生する比率は常に一定になります。３・11以降、小さな地震（＝銀座への買い物）が首都圏で約10倍発生したということは、必然的に大きな地震（＝パリへの買い物）も、今後10倍の回数になると推測できます。

東日本大震災の後、東大地震研より「首都圏直下型地震、４年以内に70％」という報道がありました。それまでも「30年以内に70％」という数字は公表されていました。しかし、３・11以降に地震発生数が７倍以上となったため、大きな地震発生確率も７倍以上になるはず、という根拠からこの発表となりました。何か特別の異常現象が首都圏で観測されていたわけではありません。

●こんなにあった前兆現象

こうした地震活動の変化をとらえる方法のひとつに、前述のグーテンベルグ・リヒター則に出てくるあるパラメータ（b値）のモニターがあります。

繰り返しになりますが、地震は、大きな地震は数が少なく、小さい地震ほど数が多いわけで、それをグラフで表わすと43ページにある図2－1のようになります。このときのマグニチュード別の発生数を直線で近似したときの傾きがb値です。

東北地方の太平洋沿岸では、このb値が0・7～0・8ぐらいで推移していましたが、東北地方太平洋沖地震の10年ぐらい前から減少傾向となり、0・6を下回るまで下がり、東北地方太平洋沖地震の直前には0・5まで低下していました。

さらに、海の潮が満ち引きするように、固体である地球も潮汐《ちょうせき》力によって、その形をわずかですが変えます。これを地球潮汐と言いますが、東北地方太平洋沖地震の約10年前から、震源付近で、地震活動と地球潮汐に強い相関が見られるようになりました。それまでは、地球潮汐とは無関係に発生していた地震が、地球潮汐の動きに連動するようになったということです。

また、GPS観測から得られる電離層の全電子数の異常が、本震の約1時間前から震源域全体で見られたとする報告があります。しかし、この異常は地震後であるとの反論もあり、現在も熱い議論が論文誌上で繰り広げられています。

そのほか、前震活動の異常やスロースリップ（ゆっくり滑り）に関する報告もあります。以下にはGPS観測でも、先ほどの電離層全電子数ではなく、地殻変動に関する事例をお示しします。

●数年前から日本列島の動きがおかしかった

ＧＰＳデータを用いた地殻変動について紹介しましょう。ここでは、第3章で議論する、東京大学名誉教授の村井《むらい》俊治《しゅんじ》氏らの手法とは異なるものです。村井氏らは、おもに鉛直成分（上下動）により、異常の検出を試みていますが、ここで紹介するのは二地点間の水平距離の変化です。二地点間の水平距離は、上下動に比べてきわめて安定しており、ノイズが少ないという利点があります。

図1-1は、筆者らが作成した水平距離（月平均）の時系列変化です。下向きは縮みで上向きが伸びを表わします。3つとも徐々に縮んでいますが、2003年頃からその速度が鈍くなっています。それぞれのグラフにあるグレーの直線（斜めの線）は、それ以前の変化のトレンドを表わしています。このような異常は東北地方の広域で確認されていることから、2011年東北地方太平洋沖地震の先行現象だったので

はないかと考えています。

●昭和三陸地震と同じ井戸で地下水異常が

東日本大震災同様に、大津波による甚大な被害があった明治三陸地震や昭和三陸地震では、さまざまな前兆現象がありました。これは作家の吉村昭《よしむらあきら》氏によって『三陸海岸大津波』にまとめられています。この中には、井戸水の異常（渇水やにごりなど）が多数報告されています。

今日では井戸水を使っている家庭はほとんどありませんが、筆者は大震災の1年後にこの『三陸海岸大津波』から場所が特定できた寺社3カ所を訪れて調査しました。そのうち、大船渡《おおふなと》市の正源寺《しょうげんじ》だけが井戸水を使い続けていました。和尚さんにお話をうかがったところ、2011年2月頃からポンプで水が汲み上げられなくなったとのことでした。

この聞き取り情報から考えられる状況は、地下水位が低下（渇水）したということです。昭和三陸地震では「にごり」が記録されていますが、今回は地下水位の低下

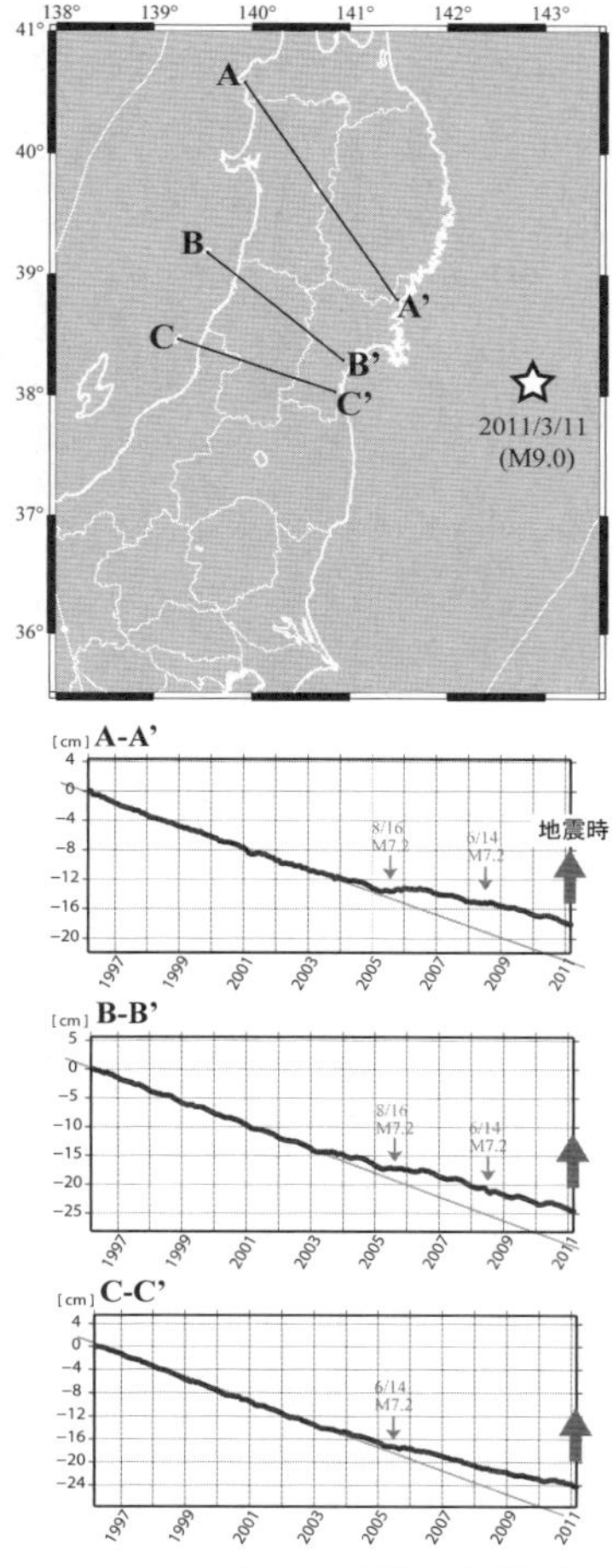

図1–1　GPS データによる二地点間の水平距離の時間変化

（渇水）でした。もしかしたら「にごり」もあったかもしれませんが、今となってはそれを確認する手段はありません。

●他にもあった地下水異常データ

前述の3つの寺社に加え、地下水を使用している施設として、三陸地方にある温泉と鉱泉を訪ねました。その中のひとつ、五葉《ごよう》山（標高1351m）のふもとにある五葉温泉（岩手県大船渡市）では、源泉の水位と水温を、不定期ではありますが、記録していました。許可を得てその記録を調べたところ、大震災の約3カ月前から水位と水温の両方が大きく低下していました（図1−2）。

記録は2007年10月1日から残っていました。大震災前の約3年半の中で、水位と水温が同時に低下したのは、このときだけだったことから、東北地方太平洋沖地震の先行現象だったのではないかと考えています。

この記録は研究とはまったく関係なく、保守点検の一環として行なわれていたものでした。五葉温泉の源泉は地下2000mと深いため、井戸の水位を変化させる雨の

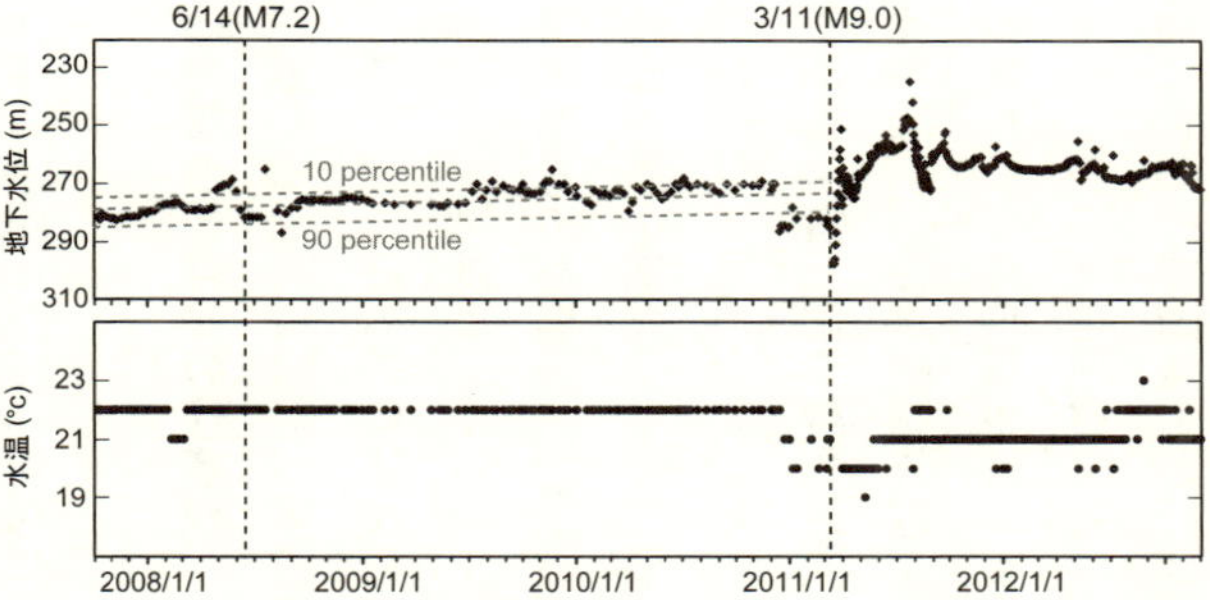

図 1-2　五葉温泉源泉の水位と水温の時系列

影響を直接受けにくい、研究にも適した井戸でした。しかし、地下水については、大地震前に異常が見られる井戸と、そうでない井戸があると昔から言われており、この水位と水温の異常が大震災の前兆とするには、まだ証拠が足りないといった感があります。

それでも、今回の発見により、明治三陸地震、昭和三陸地震に続いて、東北地方太平洋沖地震でも、地下水の異常があったことが示されました。また、研究とは無関係であっても継続したデータが記録されていれば、それを科学的なデータとして利用することができることがわかりました。

三陸海岸では、しばしば大津波を伴う大地震が発生しています。地下水観測は地震先行現象をキャッチする手段として、かなり有効だとわれわれは考えています。

●地震予知は誰の仕事か

東日本大震災の後、地震予知不可能論も喧伝《けんでん》されるようになっています。

ここで、読者の皆さんにぜひ考えていただきたいことがあります。それは、明日首都圏直下型地震が来る、1週間以内に東海地震が発生する、というような短期・直前予知を考えた場合、「地震予知は誰の仕事か」ということです。ほとんどの方は「それは当然、地震学者の仕事だよね」とお答えになるかもしれません。実際、それが当たり前だと思います。ところが、そうではないのです。

地震学者が使う観測装置の代表は地震計です。実は、地震計は短期・直前の予知研究には不向きな観測装置なのです。当たり前ですが、地震計は地震が発生しないと、動きません。地震予知の実現のためには、地震発生前に〝動く〟装置が必要になります。このことを地震学者はよく知っています。そのため、地震学者の発言は「地震予知はきわめて困難」ということになるのです。

もちろん、地震計は地震研究にはなくてはならない観測装置ですし、地震学の進歩は地震予知研究にとってかかせません。しかし、こと短期・直前の予知に限ると、地震の前兆現象は地震計で捉《とら》えられない現象であることがほとんどなのです。

ロシアでは、このあたりのことについて1990年代にかなり議論され、長期・中期の予知（予測）には、地震学的な手法やGPS地殻変動に代表される測地学的な手法が有効であり、短期・直前の予知には、電磁気学的な現象や地下水異常に代表される地球化学的な現象が前兆現象として有力であり、物理学者（特に臨界現象の物理学者や、固体表面の破壊現象を専門とする物理学者）が、ひのき舞台に躍《おど》り出てきたのです。

●最新の地震予知研究

2015年は、死者六千名以上を出した阪神・淡路大震災から20年の節目の年でした。この震災が日本の地震予知研究にとって、最初の転機となりました。地震予知研究は、国家プロジェクトとして1965年から開始され、阪神・淡路大震災の発生した1995年は第7次五カ年計画を実施中でした。もちろん、この大震災を予知するような法的な義務や制度はなかったのですが、予知研究計画が国家プロジェクトとなってから、未曾有《みぞう》の大被害だったため、当然のごとく予知研究への批判が高まりました。

その結果、研究計画の見直しが行なわれ、「地震現象は複雑なので基礎研究重視」ということになりました。基礎研究重視というのは、非常に聞こえの良い言葉であり、当たり前のようですが、実はこの段階で、予知研究なのに「予知は棚上げ」となったことを、ほとんどの国民は知りません。そして、1999年から「地震予知のための新たな観測研究計画」となったのです。

その3次計画を実施中に東日本大震災が発生し、予知研究は窮地に立たされました。その結果、予知研究から「予知」という名前をはずした「災害の軽減に貢献するための地震火山観測研究計画」が、2014年度から〝いわゆる〟予知研究として開始されたのです。

阪神・淡路大震災は、観測については大きな変革と進歩をもたらしました。これは時代がちょうどＩＴ化社会に突入し、パソコンなどのデジタル機器の目覚ましい進化の時期と重なっていたためです。

それまで地震観測は気象庁、国立大学などが独立して行なっていました。そのため、統一的な高精度の観測とはなっていませんでした。しかしこの地震を契機として、国が責任を持って、高精度かつ高密度の地震観測網を展開・維持することとなったのです。

そして、当時の科学技術庁傘下の防災科学技術研究所に、全国およそ１０００点の観測点で構成される高感度微小地震観測網（通称：Ｈｉ－ｎｅｔ）が展開されることになり、ここに日本は世界最高水準の地震観測網を得るに至ったのです。この結果、詳細な地震活動の変化などが追跡できるようになり、地震活動度変化の研究は、東海大学で開発されたＲＴＭ法（第６章）をはじめとして、まったく新たな段階を迎えることになりました。

さらに、当時実用化が進んでいたカーナビゲーションでおなじみのＧＰＳ連続観測システムが整備されることも決定し、これはＧＥＯＮＥＴと名付けられました。こちらも日本全国を約１２００点の観測点で覆《おお》い、世界最高水準の地殻変動観測網となったのです。

これらの観測網の進化・発展が、地震予知研究に大きな変化をもたらしました。それまでは、研究者が観測のための観測網の維持に忙殺され、肝心の研究が進まないという異常な状態が長く続いていました。しかし、このＨｉ－ｎｅｔとＧＥＯＮＥＴの整備、および20年にわたるデータの蓄積により、地震予知研究は完全に新たな段階に入ったと言えます。さらに、筆者らが推進している電磁気学的な前兆現象の研究も、デジタル技術の進展により、いろいろなデータ解析手法を適用できるようになったことで、異常を客観的に抽出することが可能となってきました。

●ビッグデータを発掘せよ

前述のＨｉ－ｎｅｔ、ＧＥＯＮＥＴで得られるデータは、１日あたり３００ギガバイトにも達します。問題は、これらのビッグデータを、予知的な目を持って解析・監視するシステム・組織が存在しないことです。「予知は困難」という地震学界の全体の風潮を受け、予知的に地震活動変化や地殻変動を監視することに対して、予算もつかなければ、人材もいないというのが実情です。ようやく東日本大震災以降、気象庁気象研究所において、「少なくとも東日本大震災の前に観測された異常現象を識別できるようにしよう」という研究が開始されました。

われわれは地震・火山噴火予知研究には、それを専門に扱う省庁が必要だと考えています。現在、地震観測は気象庁や防災科学技術研究所、GPS地殻変動は国土地理院、海の観測は海洋研究開発機構や海上保安庁などの複数の機関が関係しています。

アメリカには地質調査所、イタリアには国立地球物理学・火山学研究所、フィリピンにもフィリピン火山学地震学研究所という組織があり、日本のように、気象庁の一部門が地震や火山監視の業務を行なっている国はきわめて珍しいのです。

これだけの地震国・火山国である日本には、やはり地震火山庁といった専門の監視組織があってしかるべきだと考えますが、皆さまはどのようにお感じになりますでしょうか。

第2章

地震予測情報のリテラシー

●リテラシーとは何か

リテラシーという言葉を聞いたことがあるでしょうか。聞いたことがない、もしくは聞いたことはあっても意味を知らないという人もいると思います。リテラシーを直訳すると「読み書きする能力」という意味になります。

リテラシーは、教育関係では10年くらい前から、しばしば見かけられるようになりました。その中でも古くから使われている言葉として、メディアリテラシーがあります。メディアリテラシーとは、まさにメディアを読み解《と》く力になります。メディアとはテレビやラジオ、新聞、雑誌の他に、インターネットも含まれます。

インターネットのない時代、政治家はテレビや新聞などのメディアを利用して、世論誘導を行なうこともしばしばありました（現在も、ですね）。

メディアリテラシーの本質は、メディアが流す情報により、国家が誤った方向に行かないために、主権者である国民が身につけるべき能力であるといってもいいでしょう。

●教育現場とメディアリテラシー

教育現場におけるメディアリテラシーは、1987年にカナダ・オンタリオ州のカリキュラムとして導入されたのが最初と言われています。しかし、日本では、小学校で2011（平成23）年度、中学校で2012（平成24）年度から完全実施された学習指導要領の中にも、メディアリテラシーの文言はありません。

メディアリテラシーに関する教育は、実質的には総合教育の時間などで、行なわれています。ただし、その内容は携帯電話（スマホ）やインターネットの使い方に特化しているなど、メディアリテラシー教育として、必ずしも十分とは言えません。

筆者（織原）が市議会議員をしていたときに、市内の小中学校におけるメディアリテラシー教育について調査したことがあります。各学年で扱う事項が整理されていましたが、やはり携帯電話やインターネットの使い方に関するものが中心でした。

メディアリテラシーには、メディアが流す情報は事実ばかりではなく、ウソもあることや、意図的に流さない情報があることなどを知ることが含まれます。そしてそれは、世論誘導に注意し、政治を監視する能力を国民ひとりひとりが身につけることにつながっていきます。学校では時間的な制約もあるでしょうが、メディアリテラシーの本質ともいえるこの点を、しっかりと教育して欲しいと思います。

●リテラシーの限界

リテラシーという言葉は、教育分野ではある意味都合のいい言葉で、環境リテラシーや防災リテラシーなど、さまざまなリテラシーが生まれてきました。

たとえば、環境リテラシーを身につけることは、地球温暖化について正しい理解をする手助けになります。また防災リテラシーは、自分が住む地域の災害に対する危険性を認識して、それに備えるためには何をしたらいいのかを教えてくれます。同じように、地震予測情報のリテラシーを身につけることで、デマに惑わされず、地震に対する正しい知識により、備え（防災）につなげることができます。

何のリテラシーであっても、それを身につけるということは、情報を読み解いて使いこなすということになります。ただし、リテラシーにも限界はあります。いくらメディアリテラシーを教育したとしても、情報のウソをすべて見抜けるようにはなりません。

先ほど意図的に流さない情報がある、と言いましたが、何が流されなかった情報なのかを知ることは、そんなに簡単ではありません。このように、リテラシーには限界があることも知っておく必要があります。

●ピタリと言い当てた！　は本当か？

さて、地震予測情報については、「驚異の的中率75％！」、「震度5弱以上の地震11回のうち、なんと9回地震予測を的中！」、「これまで数多くの地震予測を的中させてきた○○氏、次は相模湾から伊豆諸島で○月○日までにM6級！」などという見出しを、雑誌やインターネットで頻繁に見かけることができます。また、「専門家が警告！　巨大地震の前兆～イルカの打ち上げ～」や「大地震の前兆か？　深海魚が次々と捕獲」といった見出しも、時折目にします。

私たちはこうした情報を、いったいどの程度信じていいものなのでしょうか？　予測の的中に関しては「地震は予知できないのだからすべてウソ」と思う方もいれば、

「ある程度は当たっているのでは？」などと思う方もいるでしょう。

また、イルカや深海魚について「地震とはまったく無関係」、「海で起こる地震であれば、海の生物が地震の予兆を捉《とら》えていたとしてもおかしくないかも」など、人それぞれ考え方が違ってくると思います。

地震をピタリと言い当てたと言って、いくつかの事例を実際に示されると「たしかに当たっている」と思ってしまうかもしれません。また、東日本大震災やニュージーランドの地震の前にもイルカやクジラの打ち上げがあったなどと言われると、地震と関係があるかも？　と思っても不思議ではありません。しかし、こうした表現はほぼ間違いなく自分に都合のいい事実だけを集めてきたもので、科学的な検証を経《へ》たものではありません。

●予知と予測の違い

近年は地震予知ではなく地震予測という言葉をよく耳にします。そこで、予知と予測では何が違うのか、少し考えてみましょう。

東日本大震災までは、この２つの言葉の違いはたしかに曖昧《あいまい》でした。研究者の間でも、ほぼ同じ意味として使われることもしばしばありました。しかし今日では、研究者もマスコミも「予知」という言葉を敬遠する傾向があります。その理由のひとつとして、「予知」という言葉にマイナスのイメージを抱く人が多くなったからではないかと、筆者は考えています。

本書では、予知と予測の意味を以下のように定めることとします。まず、地震予知は時間・場所・規模の三要素が明確に示された決定論的なものです。決定論的とは、多少の誤差はあっても必ず起こることと考えてください。一方、地震予測は前述の三要素がある点では同じですが、確率論的なものになります。確率論的とは必ず起こるとは限らないもので、不確かさを内包しています。

予知と予測をこのように定義すると、地震予知に期待を抱いている方であっても、「現時点で地震は予知できない」ということは、理解できるのではないかと思います。本書では明確に予知を意識していない場合や、使われ方が曖昧な場合は、地震予測の表現で統一することにします。

●地震予測の三要素

あらためて地震予測情報について整理してみましょう。地震予測の三要素は、いつ・どこで・どの程度の大きさ、であり、これら3つの情報が示されているものが地震予測情報になります。しかし、それらがどれくらい明確に示されるかについての一般的な基準は、特にありません。

本書で議論している地震予測情報は、おもに何十年以内に何パーセントといった中・長期予測ではなく、数カ月より短い期間で「いつ（時間）」を予測する短期・直前予知です。次に「どこで（場所）」については、「日本のどこかで」では情報が粗すぎます。せめて、三陸沖や関東地方といったレベルでなければ、意味ある情報とはいえません。最後の「どの程度（規模）」については特に注意が必要です。

マグニチュード（M）7・0±0・2、などは、大きさが明確に示され意味ある情報です。しかし、同じように大きさが明確に示されていてもM3・0±0・1などは、予測情報としてはあまり意味のない情報と言えます。理由は2つあり、ひとつはマグニチュード3程度の地震は、基本的に被害を及ぼすような地震ではないということです。もうひとつは、この程度の地震は日本周辺で毎日のように起きているということです。

●地震のマグニチュードと震度

図2‐1は、1997年から2014年までの18年間に日本周辺で発生した地震のマグニチュード別発生頻度を表わしたものです。縦軸は対数で表わされており、ひと目盛りで10倍の違いになります。マグニチュード3・0以上の地震は平均すると年間6400個程発生しています。一方、マグニチュード7・0以上の地震は2個です。マグニチュードが小さくなると地震の数はケタ違いに多くなります。

ここで、あらためてマグニチュードと震度の違いを考えてみましょう。実はこの2つを混同している人がけっこういます。たとえば第7章で紹介する地震流言《じしんりゅうげん》では、震度8といった実在しない表現がありました。おそらくマグニチュードと震度を混同しているため、このような間違いをしたのでしょう。

マグニチュードとは、地震そのものの規模（エネルギー）を表わすもので、ひとつの地震に対してひとつです。マグニチュードが１大きくなると、エネルギーはおよそ30倍、２大きくなると１０００倍になります。図2-2は、マグニチュード別の断層の大きさを比較した図です。東北地方太平洋沖地震がいかに大きな地震だったかが、わかるかと思います。

一方、震度はその場所における揺れの大きさを表わすものです。震度は場所によって異なるため、ひとつの地震でたくさんの数値があります。一般的に地震の震源に近ければ震度は大きくなり、離れれば小さくなります。ただし、地盤が脆弱《ぜいじゃく》なところでは、周囲に比べ、揺れが大きくなることがあります。

マグニチュードと震度は、似たような大きさの数字なので、両者を混同してしまう人がいるのではないかと思われます。ちなみに、マグニチュードはマイナスもあり、M10以上も考えられる数字です。一方、気象庁が定めた震度は０から７までで、震度５と震度６はそれぞれ強弱の２段階に分かれています。

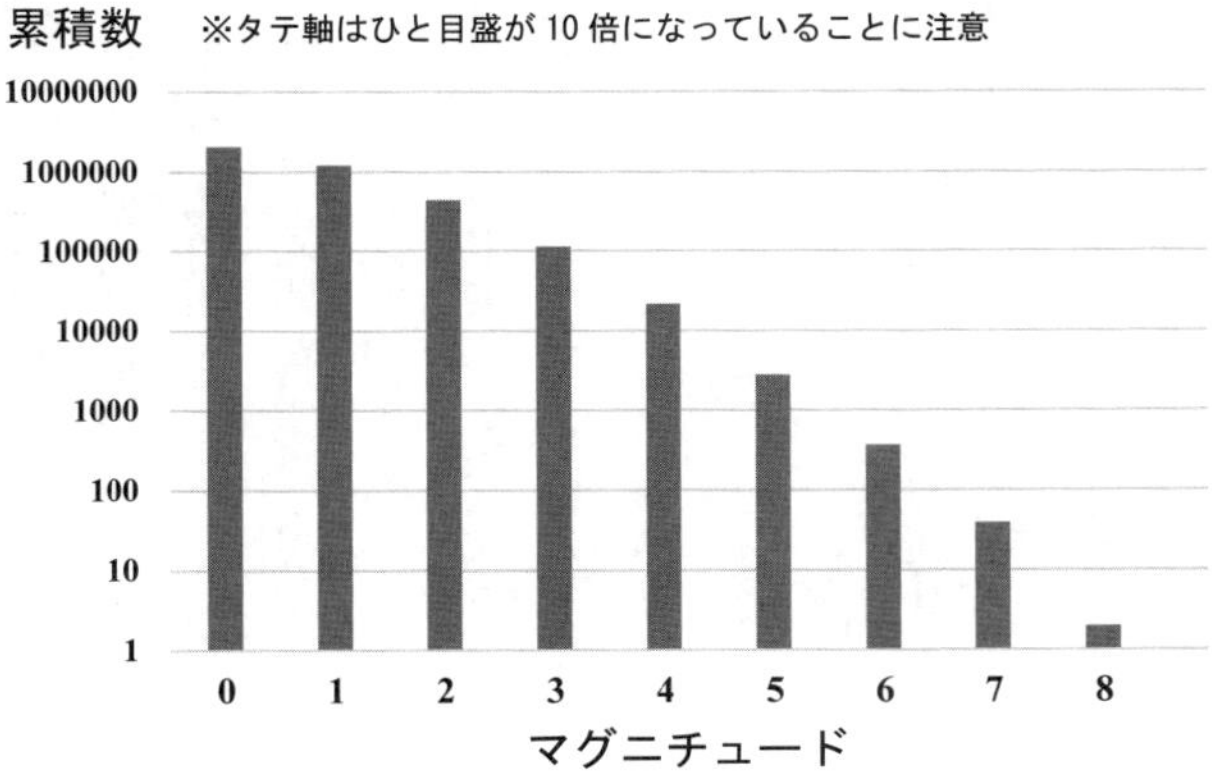

図2-1　マグニチュード別の地震発生累積数

●地震予測情報を読み解くために必要な基礎知識

リテラシーを高める（情報を読み解き使いこなす力をつける）には、身につけるべき知識があります。では、地震予測情報を読み解くために必要な知識とはどのようなものでしょうか。地震予測情報は、時間と場所と規模に関する情報です。

時間については、地震には活動期と静穏期があります。１９２３年関東大震災のようなＭ８クラスの関東地震の再来周期は、短くて２２０年、平均４００年と言われています。関東地方ではＭ８クラスの地震発生後に静穏期となり、その後徐々に活発になり、Ｍ７クラスの地震が複数発生し、その後Ｍ８クラスの地震で活動期が終わるといったサイクルがあると考えられています。このように、地震活動には時間的な偏《かたよ》りがあります。

場所については、世界的に見たときに地震が発生しているところと、ほとんど発生していないところがあることを、まずは知る必要があります。地震は世界中で均等に起こっているものではなく、地域的な偏《かたよ》りがあります。日本は世界の中でも地震が非常に起こりやすい場所で、世界中のマグニチュード６以上の地震のうち、５つにひ

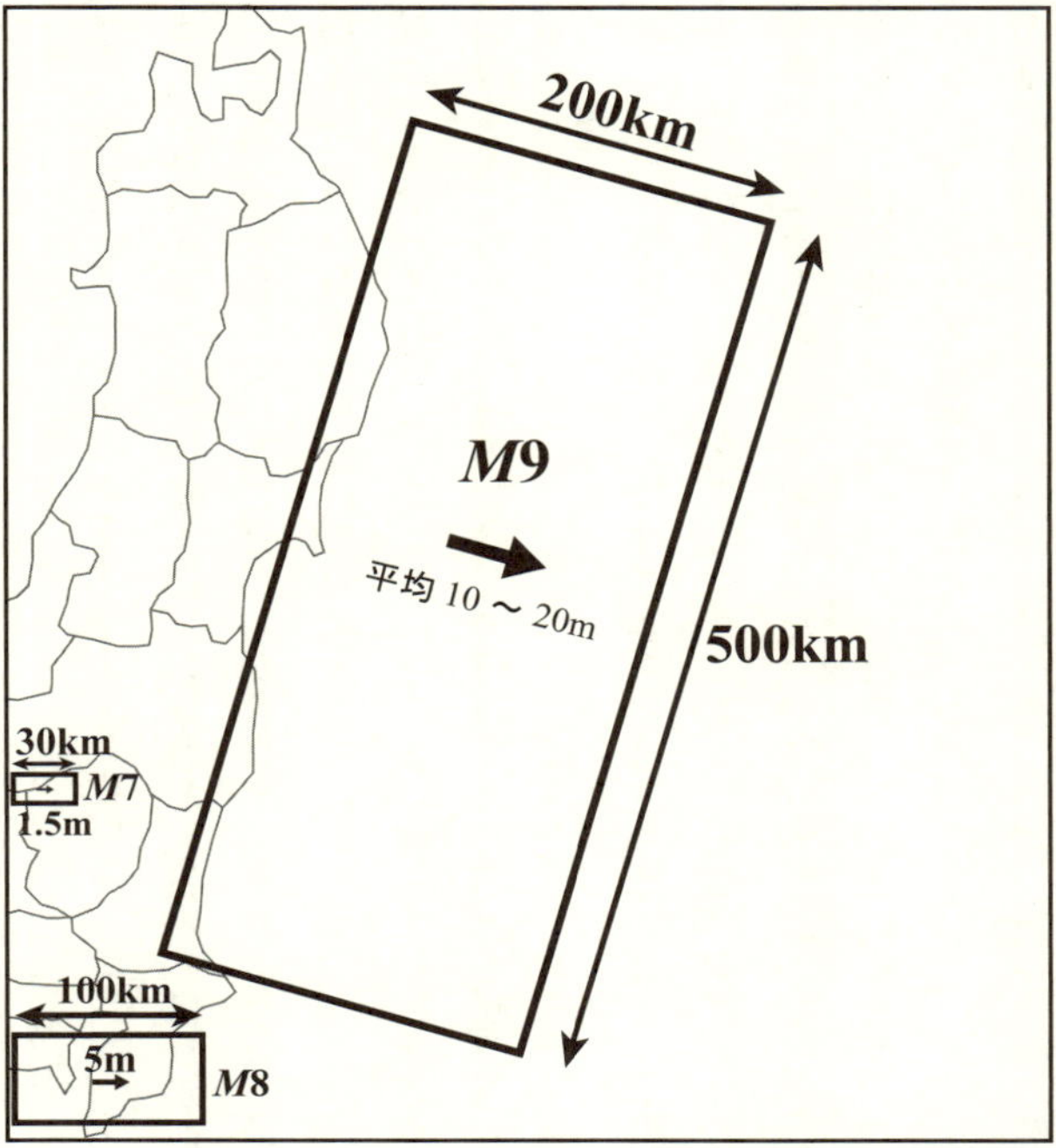

図 2-2　マグニチュード別の断層の大きさ

とつ（約20％）が日本で発生しています。

図2－3は本州周辺で発生したマグニチュード5程度の地震です。上下の図はそれぞれ東日本大震災前後を表わしていますが、いずれも東日本のほうが西日本よりも多く、特に海域で地震が多発していることがわかります。このように、地震が起こる場所に偏りがあることは、日本の中だけで見ても当てはまります。

地震の規模は、先ほどもお話ししたように、小さい地震ほど数が多く、大きな地震ほど少なくなります。しかも、その数はケタ違いであることをぜひとも覚えておいてください。

次に、本震と余震、前震についてです。本震とは主たる地震で、本震の後にその震源域で発生する地震が余震です。余震のマグニチュードは、本震よりも小さくなります。前震は本震の前にその震源域で起こった、やはり本震よりも小さな地震です。ならば、前震がわかれば予知できるのでは？　と思ってしまいますが、今のところ、本震が起きてはじめて、これが前震だったと言える段階です。

では、この基礎知識を持って、実際の地震予測（予知）情報を読み解いてみましょ

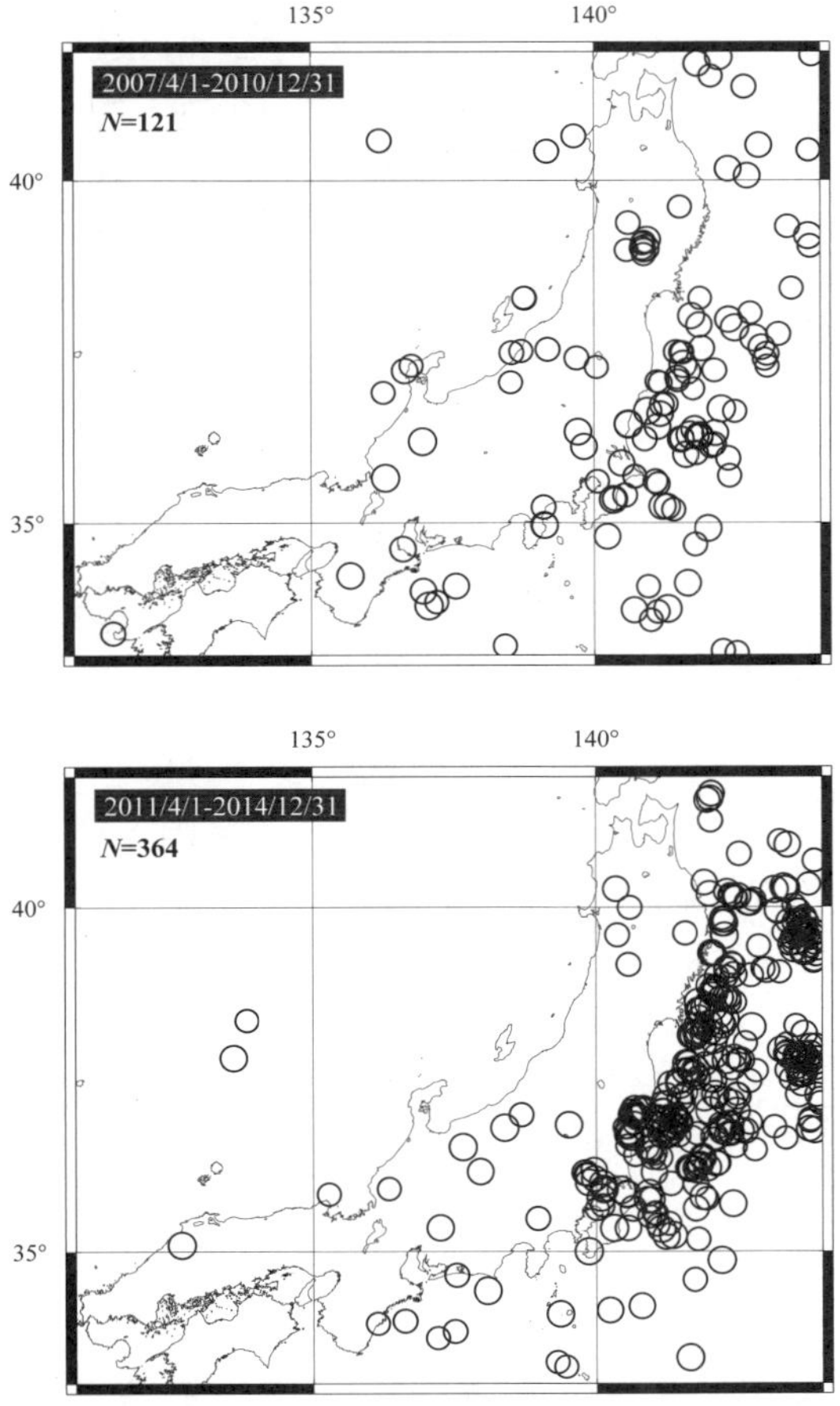

図2-3　本州周辺で発生したマグニチュード4.8≦M≦5.2の地震
上図が2007/4/1–2010/12/31、下図が2011/4/1–2014/12/31のデータ

う。

●予知情報を読み解く（占い師の予言から）

（例1）「今年（当時＝2006年）、世界の大国で大地震が起きる。日本でも震度6クラスの地震が発生する」

これはあるテレビ番組で、著名な占い師が行なった実際の予言です。時間については少し長いですが、今年1年間と明示しています。場所は、世界の大国と日本の2つが示されています。しかし、世界の大国といった表現は実に曖昧《あいまい》です。面積が大きいのか、人口が多いのか、それとも経済大国なのか、このように、曖昧な表現は占いの特徴でもあります。

大地震という言い方も曖昧です。一般的に、大地震はマグニチュード7以上の地震を指す場合が多いのですが、マグニチュード6クラスでも、被害が大きければ大地震にしてしまうでしょう。したがって、ある年に世界の大国で大地震が起きるという情報は、実は当たり前のことを言っているだけで、予知として有用な情報は含まれていません。

次に、後半の「日本で震度６クラスの地震が発生する」という情報はどうでしょうか。時間・場所・規模の三要素はいちおう示されています。日本で２００１年から２０１０年の10年間に発生した震度６弱と６強の地震は、平均すると年間１・９回です。

したがって、この部分も有用な情報は何もないということがわかります。それどころか、実は２００６年に震度６クラスの地震は発生しませんでした。この占いは見事にハズれました。

●予知情報を読み解く（地震流言から）

（例２）「２００８年６月25日に山形県で震度８の地震が発生する」

これは、山形地震流言（第７章）で見られた情報の一例です。三要素すべてが含まれていますが、震度8は存在しません。震度に関する最低限の知識が備わっていれば、この情報はウソだと簡単に見抜くことができます。

では、6月25日と日単位で予知している点はどうでしょうか。日にちまで予知できると主張する研究家もいますが、これは精度が高すぎると考えるべきです。地震がいつ起きるかについて、割り箸《ばし》を折り曲げていったとき、いつ割れるかを正確に言い当てることができないように、地震もいつ起きるか、正確に言い当てることは難しいと考えたほうが自然です。

●予知情報を読み解く（もっともらしい表現から）

（例3）「○○年8月1日から8月10日の間に、○○地方でマグニチュード5程度の地震が発生する」

やはり、三要素がすべて含まれています。ただし、（例2）とは異なり、時間と規模に幅を持たせています。誤差を考えている分、このほうがもっともらしく思われます。この情報で最初に目をつけたい点はマグニチュードです。

マグニチュード5程度の地震は、日本周辺で年平均160個程度発生しています。これほど多くの地震を対象にしているのであれば、地域が限定されていなければ、この情報は予知情報として何ら価値のないものになってしまいます。

次に、場所について着目します。東北地方だったらどうでしょうか。P47の図2－3をもう一度見て欲しいのですが、東日本大震災前は年平均13個発生しています。月平均だと1個強なので、この予測は当てずっぽうな予測と、さほど差がないと考えられます。しかし、これが近畿地方だと、年平均3個しか発生していませんので、意味ある予知情報になります。

また、時期も重要です。東日本大震災以降だと、東北地方では月平均で5～6個発生しています。そうなると、この予測は当たり前のことを言っているだけで、予知情報としては価値がありません。

●地震先行現象の4つのパターン

地震予測情報は、ある事象の変化が地震発生過程に関係するという仮定のもとで観測を行ない、異常が見られたときに出されます。筆者らは地震に先行する異常現象の現われ方は、大きく分けて4つのパターンがあると考えています。

ひとつ目は、ある時点で異常が現われ、その状態が地震発生まで継続するパターンです。

2つ目はその異常が加速度的に増加し、地震に至るパターンです。

3つ目はあるときに異常が短時間だけ現われ、その後正常に戻ってしばらくしてから地震が発生するパターンです。

そして4つ目はある時点で異常が現われ、その状態が一定期間継続し、その異常が収束した後に地震が発生するパターンです（図2-4）。ひとつ目を継続型、2つ目を加速度型、3つ目を過渡型、そして4つ目を山型と呼ぶことにします。

継続型は、五葉温泉源泉の水位と水温（図1-2）のように、地震の数カ月前から地震発生まで続くような異常の現われ方です。加速度型は、まれに前震のパターンと

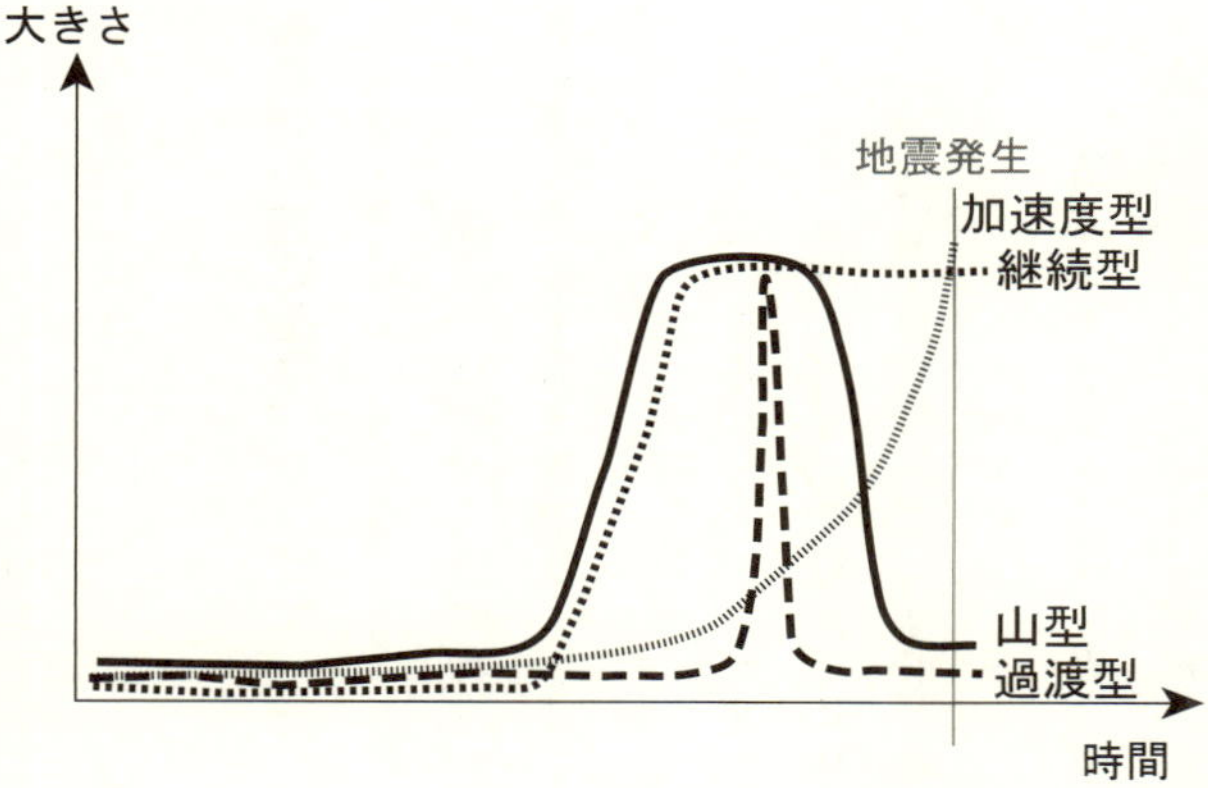

図２-４　地震先行現象の４つのパターン

して見られることがあります。過渡型は、イルカやクジラが集団で打ち上げられる出来事のように、あるとき発生し、その数日後に地震が起きるパターンです。この場合、異常発生と地震との間隔が短ければ、直感的にその２つが結びつくでしょうが、間隔が空《あ》いてしまうと結びつきを証明するのが難しくなってきます。そして、山型は第６章で紹介するＲＴＭ法による地震活動度の異常などです。

これらが本当に地震に関係した現象であることを証明するには、地震発生過程のメカニズムから、それぞれの発生パターンが現われる理由を説明する必要があります。

しかしその前に、これらの異常が本当に地震と関係があるのかを、まずは明らかにするべきでしょう。

●異常の判定基準、2シグマ

異常と考えている状態がしばしば見られるようでは、それは異常とは呼べません。そこで、通常の状態からどの程度変化したときに異常とするか、その基準が必要になります。地震予測研究では、しばしば標準偏差が2シグマを超えたときに異常と判定しています。

たとえば、ある中学校の一年生男子の身長を計測したとき、その平均が160㎝だったとします。多くの生徒が平均周辺に集まりますが、それからはずれる生徒もいます。生徒数が100人で、155㎝から165㎝の範囲に96人が含まれたとします。このとき、155㎝から165㎝の範囲が2シグマになります。この範囲に入らない小さい値、または大きい値を異常値とする考え方です。

次に、いくつかの条件（異常の継続時間や波形の特徴など）を挙げ、それらの条件をすべて満たした場合に異常とする方法があります。ギリシャではVAN法と呼ばれる方法で、地電位差データに含まれる異常変化（SES）を検出し、地震を予知したといわれる事例があります。筆者らは、日本においてVAN法を検証する研究を行なってきました。このとき用いられた異常の判定基準がこれに相当します。

●神津島《こうづしま》の地電位差異常と、地震との対応

地電位差は大地に電極を埋め込み、二点地間の電位差を測ることで求められます。神津島は伊豆諸島のひとつで、比較的ノイズの少ない観測点です。ここでは、複数ある測線で同時に変化するなど、5つの条件をすべて満たした場合を異常変化としました。その結果、観測期間1139日（約37カ月）の中で、異常変化は19個ありました。一方、対象となる地震は23個です（観測点から半径20km以内に発生したM3・0以上の地震で、前震と余震は除く）。

異常変化が現われてから地震が起きるまでの時間（リードタイム）は、3日、10日、20日、30日として、その対応を調べました。通常、このリードタイムが長くなれば、

リードタイム	3日	10日	20日	30日
適中率	21%	32%	53%	58%
予測率	17%	26%	44%	48%

表2-1　リードタイム別の適中率と予測率

それに対応する地震も増えてきますが、一方でどの異常がどの地震と結びつくのかが、曖昧になってきます。

異常変化と地震とはもっとも近いものどうしが、1対1に対応していることを基本として、その関係を調べると、各リードタイムにおける適中率と予測率は、表2-1のようになります。ここでいう、適中率とは全異常数に対する地震が発生した異常数の割合です。一方、予測率は全地震数に対する先行する異常があった地震数の割合になります。いずれもリードタイムが長くなると率が上がります。

●それは偶然よりも高いのか？

地電位差異常と島の近くで発生した地震との対応は、リードタイム20日または30日で、適中率と予測率いずれも5割程度です。この5割が偶然よりも高いとなれば、異常変化と地震とは相関がある（両者は関連性がある）ことになります。

単純な確率で考えると、リードタイム30日（1カ月）の場合、37カ月間で異常が19個、地震が23個発生しているので、適中率と予測率はそれぞれ62％と51％と、実際の割合58％と48％よりも高くなります。しかし、地震は時空間的に偏《かたよ》りがありました。図2-5は、地電位差異常変化と地震との時系列になります。地震の発生が時間的に偏っていることがわかると思います。異常変化（上段）は最大458日、地震（下段）は361日もの空白期間があります。異常変化の黒色実線はプラス向き、グレー実線はマイナス向きの異常変化で、地震の黒色実線は島の東側で発生した地震、グレー実線は西側の地震になります。また、グレーの点線は対応する地震、または異常変化がなかったものになります。

図2-6は地震の空間分布になります。

これを見ると、異常変化がプラスの場合は、島の東側で地震が発生し、マイナスの場合は西側で発生していたことがわかります。

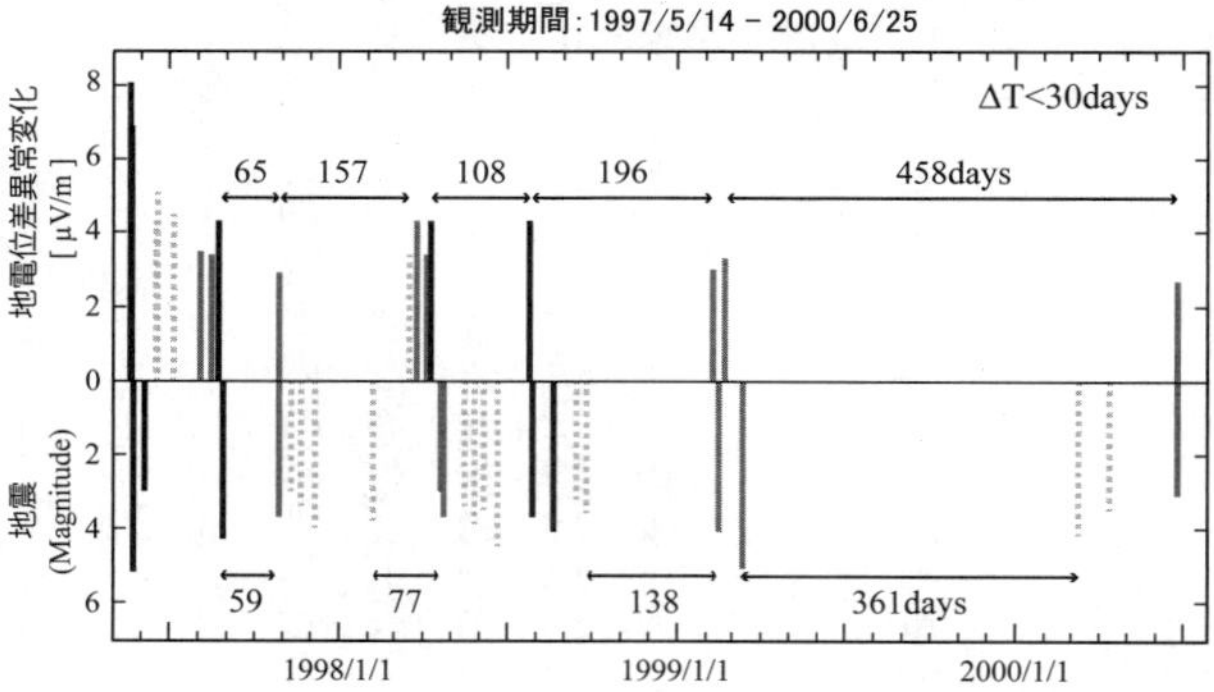

図 2-5　地電位差異常変化と地震の時系列
（黒色実線、グレー実線、グレー点線は図 2-6 と対応）

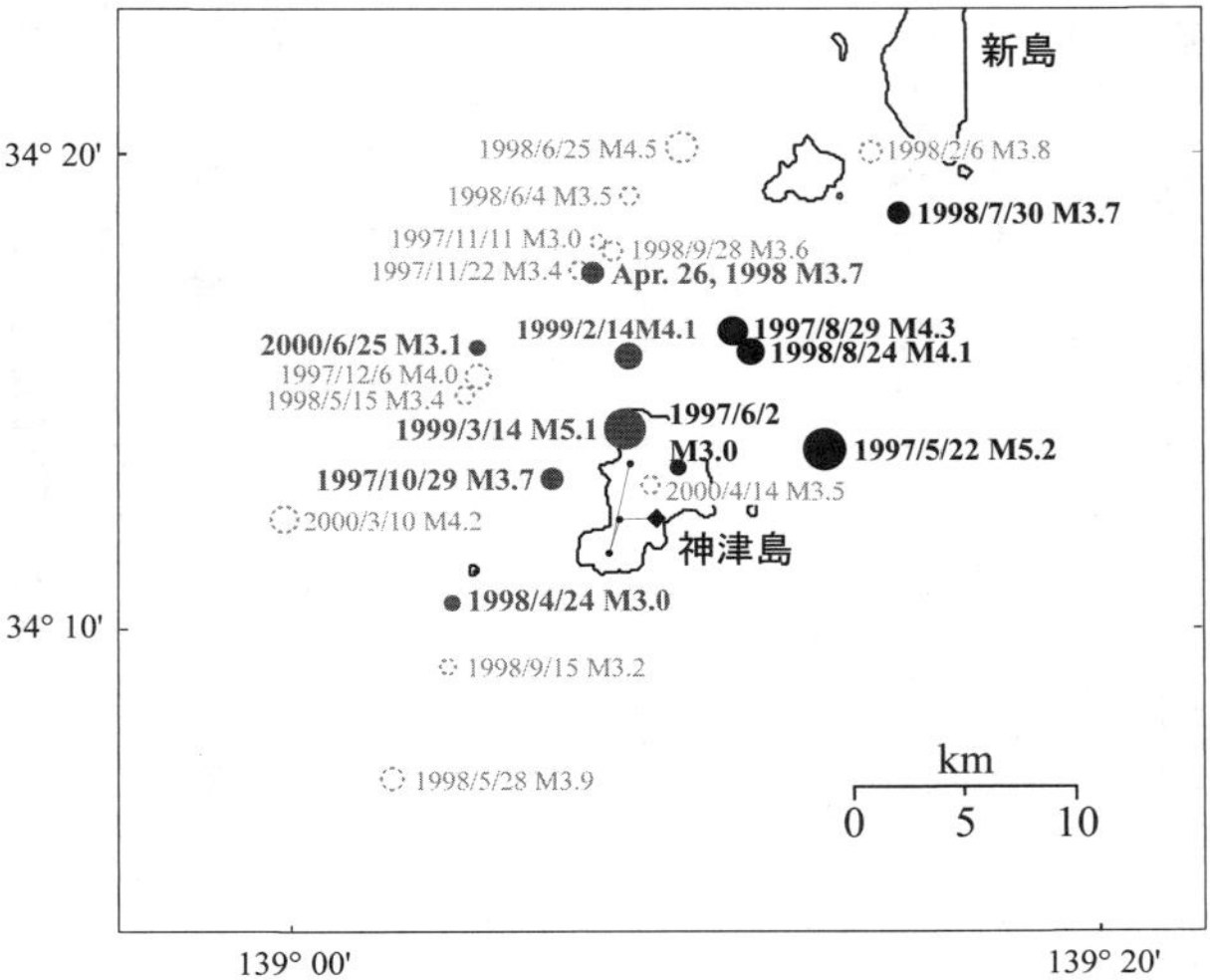

図 2–6　地震（M≧3.0）の空間分布
（黒色実線、グレー実線、グレー点線は図 2–5 と対応）

●ランダムに発生させた地震との比較による検証

地震は時空間的に偏って発生することから、単純な確率だけでは判断できないところがあります。そこで、地震発生日はそのままにして、異常変化をランダムに19個発生させ、それとの対応を見るテストを行ないました。また、地震23個についても、同様のことを実施しました。それぞれ1万回の試行を平均すると、リードタイム30日の適中率58%と予測率48%は、いずれも2シグマを超える割合（100回のうち4回ぐらいしか起こらない）となりました。

次に、異常変化のプラス・マイナスと、地震の発生場所（島の東か西か）との対応まで考慮すると、3シグマ（1000回のうち3回ほど）を超えてめったに起こらない結果になりました。このことから、神津島で観測された地電位差異常変化は、島の近くで発生した地震の先行現象であると結論づけました。

しかし、2000年6月末から始まった三宅《みやけ》島の火山噴火を含む伊豆諸島群発地震の前兆と思われる異常変化は観測されませんでした。このことから、神津島で観測された異常変化は地震先行現象ではあるものの、実用的な防災には役立たないものと考えられました。

●予測情報を検証する４つの窓

地震はマグニチュードが小さくなると、ケタ違いにその数が増えます。したがって、マグニチュードの小さい地震を対象にして警告すれば、かなりの確率でその警告は当たります。言い換えるなら、全異常数（この場合は警告数）に対する地震を伴った異常数（警告数）である適中率は高くなります。しかし、予測率（全地震数に対する警告された地震数）は逆に低くなります。一方、マグニチュードが大きな地震であっても、警告を乱発すれば、かなりの確率で警告後に地震が発生します。この場合は予測率が高くなりますが、適中率は低くなります。

〝当たっている〟とされる地震予測情報はほとんどの場合、このいずれかの方法により導き出された適中率、または予測率の高いほうだけを宣伝しています。その地震予測情報が本当に地震と関連性があるかについては、適中率と予測率の両方を見る必要があります。しかし、それだけでも十分ではありません。小さい地震を対象に警告を

	異常あり	異常なし
地震あり	②予測成功	①不意打ち
地震なし	③空振り	④安全宣言

表2-2　地震予測における四つの窓

乱発していれば、適中率も予測率も高くなります。そこで用いられるのが4つの窓（2×2分割表）による検証です。

表2-2が4つの窓になります。この表から適中率と予測率を表わすと以下のようになります。

適中率＝②／（②＋③）
予測率＝②／（①＋②）

適中率と予測率の計算では、④安全宣言の部分が計算できません。神津島の事例で紹介したランダム発生によるテストは、この安全宣言も考慮した検証になります。

しかし、ランダム発生のテストは簡単にできるものではありません。まずは、ある地震予測情報の信憑《しんぴょう》性を見る方法として、適中率と予測率の両方をちゃんと示しているかをチェックしてみてください。次に、その両方が高い場合は、対象とする地震数をチェックしてください。数が多ければ、率が高くても、当たり前のことに過ぎません。

●新島《にいじま》の地電位差異常と、2000年伊豆諸島群発地震

2000年6月末からはじまった伊豆諸島群発地震は、神津島のとなりにある新島《にいじま》の地電位差データに、その約2カ月前から異常が観測されていました。新島は南北に長く、島の中央と北部および南部を結ぶ測線がありました。新島の異常変化は島の北部で観測されましたが、それをわかりやすくするために、北側と南側の両データの0・01ヘルツの値の比をとりました。

図2-7は、観測を始めた1997年11月21日から2000年12月31日までのその時系列変化です。異常変化は2000年4月末からはじまり、群発活動が静穏化に向かい始めた8月末まで継続しました。このことから、この異常変化は群発地震活動に関係した先行変化だったと考えています。

では、なぜ島の北部だけに異常が現われたのでしょうか。新島はほとんどが流紋《りゅうもん》

岩《がん》と呼ばれる岩石でできています。しかし、北部の若郷《わかごう》地区にだけは玄武岩《げんぶがん》があり、そこに電極が埋められていました。経験的に地震に先行する地電位差異常は、不均質なところに出やすいので、この地質の違いが関係していたのかもしれません。

しかし、この異常変化は神津島のそれとは異なるものです。地震ごとに都合よく異常の定義を変えてもいいのでしょうか？

●異常の定義がいくつもあっていいのか？

神津島の異常変化は複数の条件を満たすもので、過渡型になります。一方、新島の場合は、継続型に分類されます（図2–4参照）。このように、地震ごとに異常の基準を変えていては、ご都合主義と見られてしまいます。

しかし、地震の起こり方は一様ではありません。プレートの沈み込み帯で起こる地震もあれば、内陸の活断層による地震、火山性の地震など、さまざまです。であるなら、異常の現われ方も一様でないと考えることができます。地電位差でいうなら、ゼニス海嶺《かいれい》の伸長方向に沿った神津島周辺の地震と、三宅島の火山活動を伴った群発地

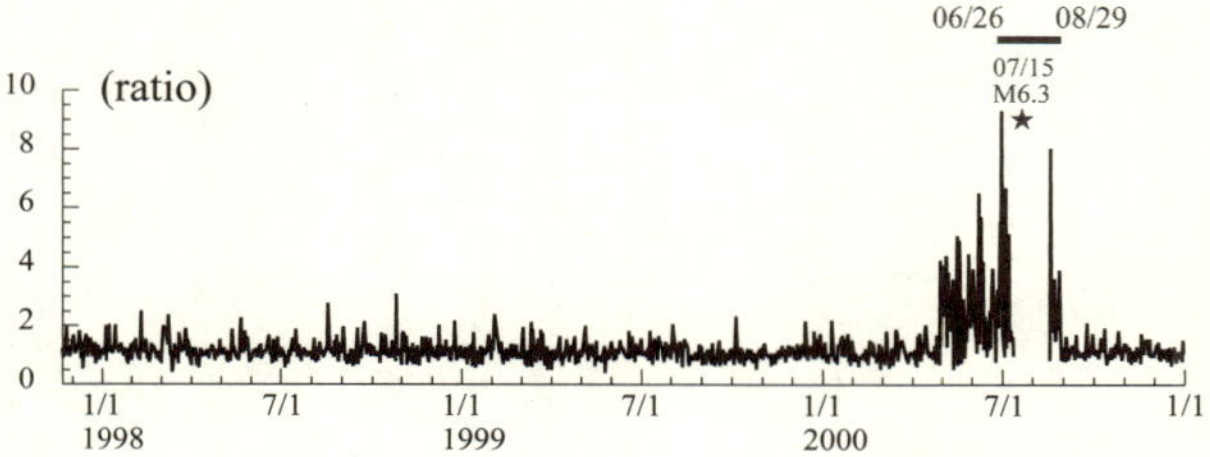

図 2-7　新島地電位差の異常変化
(6/26-8/29 は群発地震が活発だった期間。7/15 には新島近海で M6.3 の地震が発生)

震では、その起こり方が異なります。したがって、異常の現われ方（パターン）が異なっていても不思議ではありません。

このように、地震ごとに異常変化のパターンが異なるといった主張については、注意すべき点があります。

まず、異なるパターンを新たな異常としたのは、その後に地震があったからであって、地震が発生しなければ見過ごされていた可能性があります。

ここで示している新島の地電位差変化も、当初は島北部のノイズと考えていました。その理由は、神津島で地電位差異常としていた条件を満たしていなかったからです。

地震が発生しなければ見過ごされていた変化ですから、もしその変化を新たに異常とするならば、過去にさかのぼってすべてのデータを見直し、過去には見られなかった変化であることを確認しなければなりません。これは研究者にとって必須の作業です。

●時間相関と空間相関

神津島の例では、対象となる地震の発生場所は、観測点から半径20㎞以内としていました。場所が限定されているので、4つの窓では、時間的な相関を検証すればよいことになります。相関とは異なる2つの事象の関係を表わす言い方で、ある事象（異常）が起きると、その後に別のある事象（地震）がしばしば起きる場合、2つの事象（異常と地震）は相関があるといえます。

しかし、相関があっても両者に因果関係があるとは限りません。たとえば、各都市のコンビニと居酒屋の店舗数について、コンビニの数が多い都市ほど居酒屋も多いといった関係があるとします。このときコンビニの店舗数と居酒屋の店舗数の間には正の相関があります。しかし、両者に因果関係（コンビニの増加が原因で居酒屋が増える、またはその逆）はありません。この場合、両者とも原因になるのは、おそらく都市の人口でしょう。

話を、異常と地震の関係に戻します。時間相関とともに、空間相関も予測情報を検証する上では大切です。たとえば、北海道で異常が観測され、北海道で地震が起きるとか、Aという異常が観測されると、北海道で地震が起きるといった関係です。インターネットに流れている情報の中には、時間相関だけに注目して、空間相関を無視しているものがあります。典型的な例が地震雲です。たとえば札幌《さっぽろ》で見た雲で、場合によったら海外の地震まで、「当たった」とするような場合です。札幌が世界中の地震を事前に感知しうる特別な場所とするのは、あまりにも荒唐無稽《こうとうむけい》です。

4つの窓による検証は、必ずしも空間相関まで含まれているとは限りません。したがって、4つの窓による検証であっても、時間相関だけなのか、空間相関まで含まれているかについて、注意を払う必要があります。予測情報を流している人の中には、自分の予測法が素晴らしいことを主張したいために、本人も気づかないうちに、当たっている事例だけを示すという方法だけでなく、時間相関だけで当たっていると主張している場合があります。

第3章

3つの民間地震予測情報を読み解く

本章ではこれまでお話ししてきたリテラシー（情報を読み解く力）をもとに、巷で話題になっている3つの民間予測情報を読み解いてみたいと思います。その前に、地震予測情報のリテラシーについて、おさらいをしておきます。

●予測情報を評価するためのチェックポイント

その予測情報が自分にとって役立つ情報なのか、または、本当に当たっているのかを調べる際には4つの窓（表2–2参照）を用います。これにより、適中率（全異常数に対する地震を伴った異常の数）と、予測率（全地震数に対する予測されていた地震数）が算出されます。評価できる予測情報とは、その両方が高い割合を示しているものです。

図3–1は異常（予測）の数と対象となる地震の数の関係を、過渡型（図2–4）の時系列で模式的に表わしたものです。左から右へ時間が流れると考えてください。また、黒とグレーのたて棒はそれぞれのイベントひとつを表わしています。

ケース①は、地震の数に比べて予測の数がかなり少ない場合です（異常3回に対し、地震は14個)。マグニチュードが１小さくなると、地震の数はケタ違いに増えることをお話ししました。予測の数が少なくても小さい地震を対象にすれば、ほとんどの予測は当たることになり、適中率は高くなります。しかし、予測できなかった地震の数が多くなるため、予測率は低くなります。

ケース②は、ケース①とは逆に、予測の数が多く地震が少ない場合です。年に２、３回しか発生しないような地震であっても、ほぼ１年中予測情報を出していれば当たるといったケースです。予測情報の乱発により、予測率は高くなりますが、適中率は低くなります。

ケース③は、年中予測情報が発せられ、年中地震が起きているケースです。マグニチュードの小さい地震を対象にして予測情報を乱発すると、このようになります。適中率と予測率ともに高くなりますが、安全宣言の期間がないため、当てずっぽうに予測しても同じ結果になり、予測情報としての価値がありません。

最後のケース④が、予測情報として価値ある情報になります。年に数回しか発生しない大きな地震を対象として、少ない数の予測情報が出された場合です。巷にあふれる地震予測情報で、このケース④に相当するものは、まず見かけることがありません。ほとんどはケース②かケース③になります。

以上は時間相関についての話ですが、空間相関も考慮する必要があります。また、予測情報の有効期間である先行時間（リードタイム）も重要です。これが長ければ、予測情報の数が少なくても、ケース②や③のように、予測情報を乱発したことと同等になります。巷にあふれる地震予測情報は、この4つのケースのいずれかに当てはまるはずです。おそらく、その大半はケース②か③になると思われます。

●価値のない予測情報とは？

価値のない予測情報とは、当てずっぽうで予測した場合と変わらない情報です。仮に、もっともらしい観測データから地震を予測したとしても、それが適当に行なった場合（たとえばサイコロの目で予測をするなど）と同じであるなら、それは予測情報として価値のない（意味のない）ものになります。

ケース③（図3-1）のように、適中率と予測率がともに高かったとしても、意味

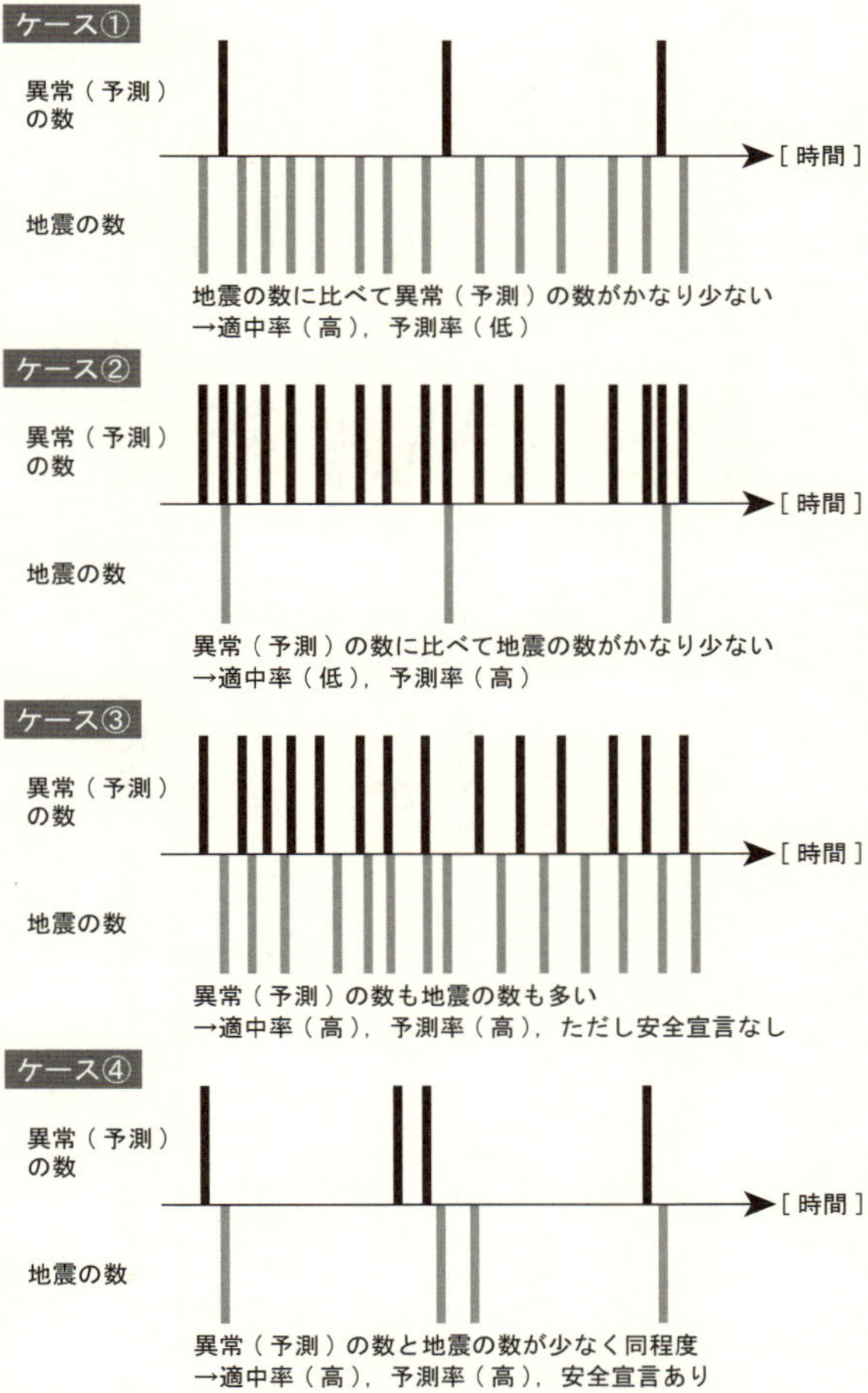
ケース①
異常（予測）の数
地震の数
[時間]
地震の数に比べて異常（予測）の数がかなり少ない
→適中率（高），予測率（低）
ケース②
異常（予測）の数
地震の数
[時間]
異常（予測）の数に比べて地震の数がかなり少ない
→適中率（低），予測率（高）
ケース③
異常（予測）の数
地震の数
[時間]
異常（予測）の数も地震の数も多い
→適中率（高），予測率（高），ただし安全宣言なし
ケース④
異常（予測）の数
地震の数
[時間]
異常（予測）の数と地震の数が少なく同程度
→適中率（高），予測率（高），安全宣言あり

図3-1　異常（予測）と地震の数の違いによる適中率と予測率の違い

のない予測情報があります。一方、ともに50%程度であっても、偶然では説明できない情報もあります。その予測情報が価値あるものかどうかを判断するためには、第2章で説明したように、統計的な検証が必要になります。しかし、それは簡単にできるものでもありません。

そこで、注目していただきたい点が、「安全宣言」の期間が十分にあるかどうかです。安全宣言がない予測情報は、いつも「危ないから注意するように」と言っているわけで、それは、「地震はいつ起こるかわからないから、常に準備をしておくように」という、ありきたりな心構えと何ら変わりありません。その予測情報がなくても同じことです。別の言い方をするなら、図3-1のケース④に相当する予測情報か否かで判断するとよいでしょう。

●GPSデータによる週間MEGA地震予測

2011年の東日本大震災以降、世間でもっとも注目を集めている地震予測は、おそらくGPSデータを用いた村井俊治東京大学名誉教授（地震科学探査機構）による手法ではないでしょうか。村井氏は「週刊ＭＥＧＡ地震予測」と題する有料のメルマガで情報を配信しています。

この情報を取り上げるテレビ番組や週刊誌、そしてウェブサイトでは、予測成功の事例紹介は積極的にしていますが、全部でどの程度の数の予測情報が出されていたのかといった基本的なことについては、あまり情報がありません。したがって、「当たった」事例ばかりを紹介する二次情報を見た人の多くの人が、「当たっている」と思ってしまうのではないかと考えています。

「当たった」事例が大々的に宣伝される理由のひとつは、やはり地震予知に対する世間の関心が高いことが考えられます。また、はずれたことに比べ、当たったことを取り上げたほうが、テレビ局にしても週刊誌にしても、視聴率や販売部数が伸びるからではないでしょうか。科学とはまったく次元の異なる話です。

著書にある地震予測

さて、村井氏の地震予測は有料情報のため、誰でもその情報にアクセスできるわけではありません。また、二次情報であるテレビ番組や週刊誌などは、情報が取捨選択され偏《かたよ》った内容になっている可能性があるので、これらで判断するのは好ましくありません。ここでは、村井氏の著書『地震は必ず予測できる！』（集英社新書）と、「週刊MEGA地震予測」のホームページに記載されている内容から考えてみたいと思います。

まず、著書『地震は必ず予測できる！』を見ると、152ページから156ページに2014年10月1日号で配信した情報が掲載されています。ここで紹介されている内容を図示すると図3-2のようになると考えられます（図は筆者が作成）。予測は震度5以上の地震が起きる可能性について出され、要警戒は1カ月以内、要注意は1～3カ月程度、要注視は3カ月～6カ月程度の期間に起きる可能性が高いとしています。

図3-2には、6カ月先の2015年4月30日までに発生した震度5弱以上の地震が、☆印で示されています。地震は全部で4個ありますが、2014年11月23日には長野県北部で2個発生しています。ひとつはマグニチュード（M）6・7：最大震度

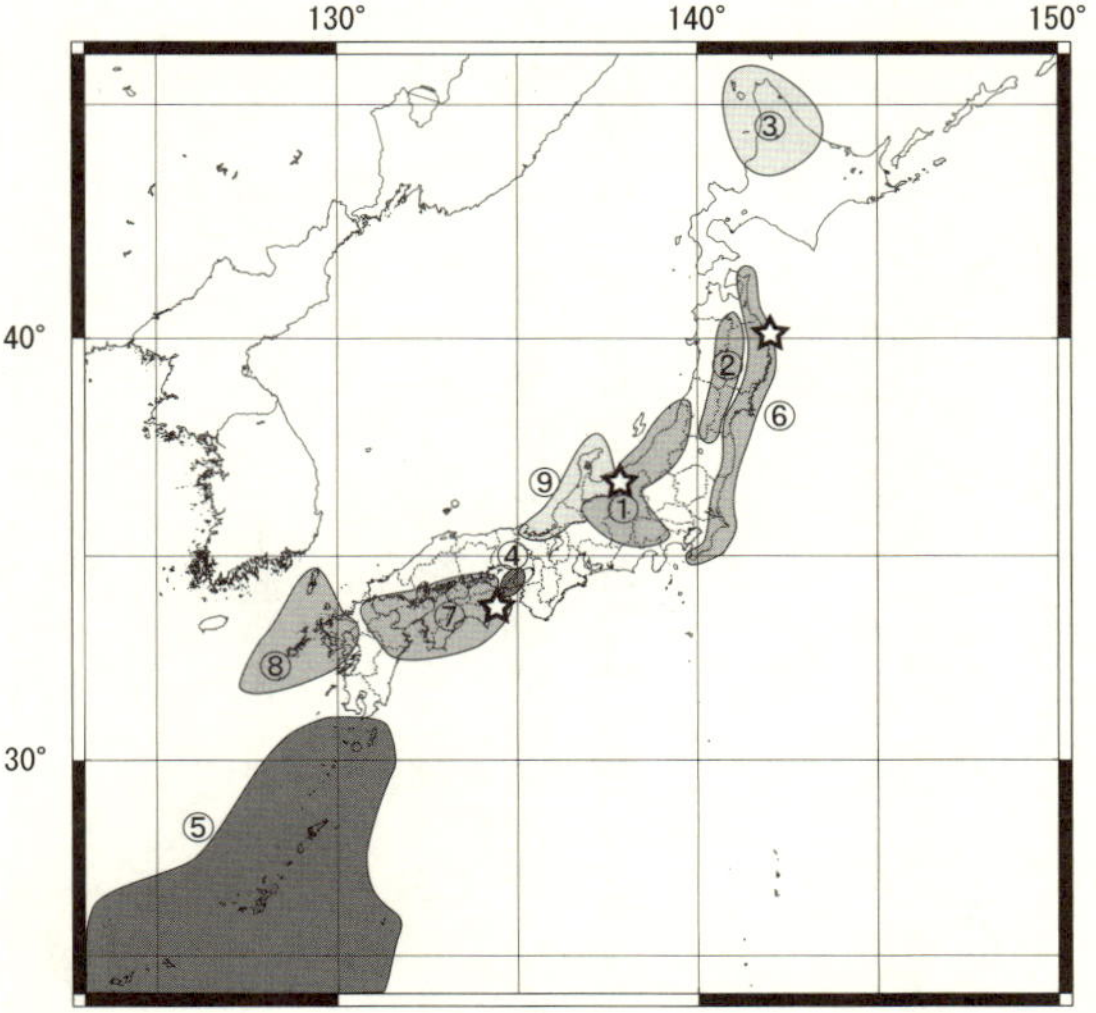

◆異常変動
①飛騨・甲信越は要注意
②東北地方奥羽山脈地帯は要注意
③北海道道北は要注視
◆隆起・沈降図
④淡路島周辺は要警戒
⑤南西諸島は要警戒
⑥東北・関東の太平洋岸は引き続き要注意
⑦四国、九州東岸および瀬戸内は要注意
⑧長崎県は要注意
⑨石川県、福井県などの日本海側は要注視

：要注視（予測期間３～６ヶ月）
：要注意（予測期間１～３ヶ月）
：要警戒（予測期間１ヶ月程度）

☆：2014年10月1日～2015年4月30日までに震度５以上を記録した地震

図 3-2　2014 年 10 月 1 日号の予測エリアの推定

6弱の余震なので、これらは1個としてみるべきでしょう。それと、2015年2月6日徳島県南部でM5・1（5強）、2015年2月17日岩手県沖でM5・7（5強）になります（計3個）。

2014年10月1日時点の予測情報で考えますと、長野県北部は要注意（1～3カ月）なので予測成功となります。しかし、徳島県南部と岩手県沖も要注意（1～3カ月）ですが、地震発生は3カ月を過ぎているので失敗となります。したがって、全予測情報に対する地震が発生した予測情報の割合（適中率）は$\frac{1}{9}$＝11％になります。また、全地震数に対する予測された地震数（予測率）は$\frac{1}{3}$＝33％となります。

週間MEGA地震予測のサンプル情報

次に、JESEA地球科学探査機構のホームページ（http://www.jesea.co.jp/）にある情報からです。筆者が閲覧したときのサンプルは、2014年12月17日発行のものでした。「地震予測サマリー」には、要注意地域（震度5以上の地震が発生する可能性が高い）として、①奥羽《おうう》山脈周辺および日本海側、②東北・関東の太平洋岸、③南海・東南海地方、④南西諸島、⑤鹿児島・熊本・長崎周辺、⑥伊豆・小笠原《おがさわら》諸島、⑦静岡県・神奈川県周辺、⑧北海道十勝《とかち》・釧路《くしろ》・根室《ねむろ》周辺と書かれています。要注意エリアは、おおよそ図３-３のグレーで示した範囲と推測されます（図は筆者が作成）。

このサンプルにある予測情報は、すべて要注意なので、図３-３の①～⑧のエリアのどこかで、１～３カ月以内（２０１４年12月中旬～２０１５年３月中旬）に震度５以上の地震が発生する可能性が高いという予測になります。はたして結果はどうだったのでしょうか。

図３-３にある２つの☆印が、この期間内に震度５以上を記録した地震になります。ひとつは２０１５年２月６日の徳島県南部Ｍ５・１地震（最大震度５強）で、もうひとつは２０１５年２月17日岩手県沖のＭ５・７地震（５強）と、いずれも先ほど紹介した地震と同じです。２０１４年10月１日時点の予測では「失敗」となった地震が、２０１４年12月17日時点の予測では「成功」となります。

この予測の適中率（全予測に対する地震が発生した予測）は$\frac{2}{8}$＝25％です。一方、予測率（全地震に対する予測があった地震）は、なんと$\frac{2}{2}$＝１００％になります。こ

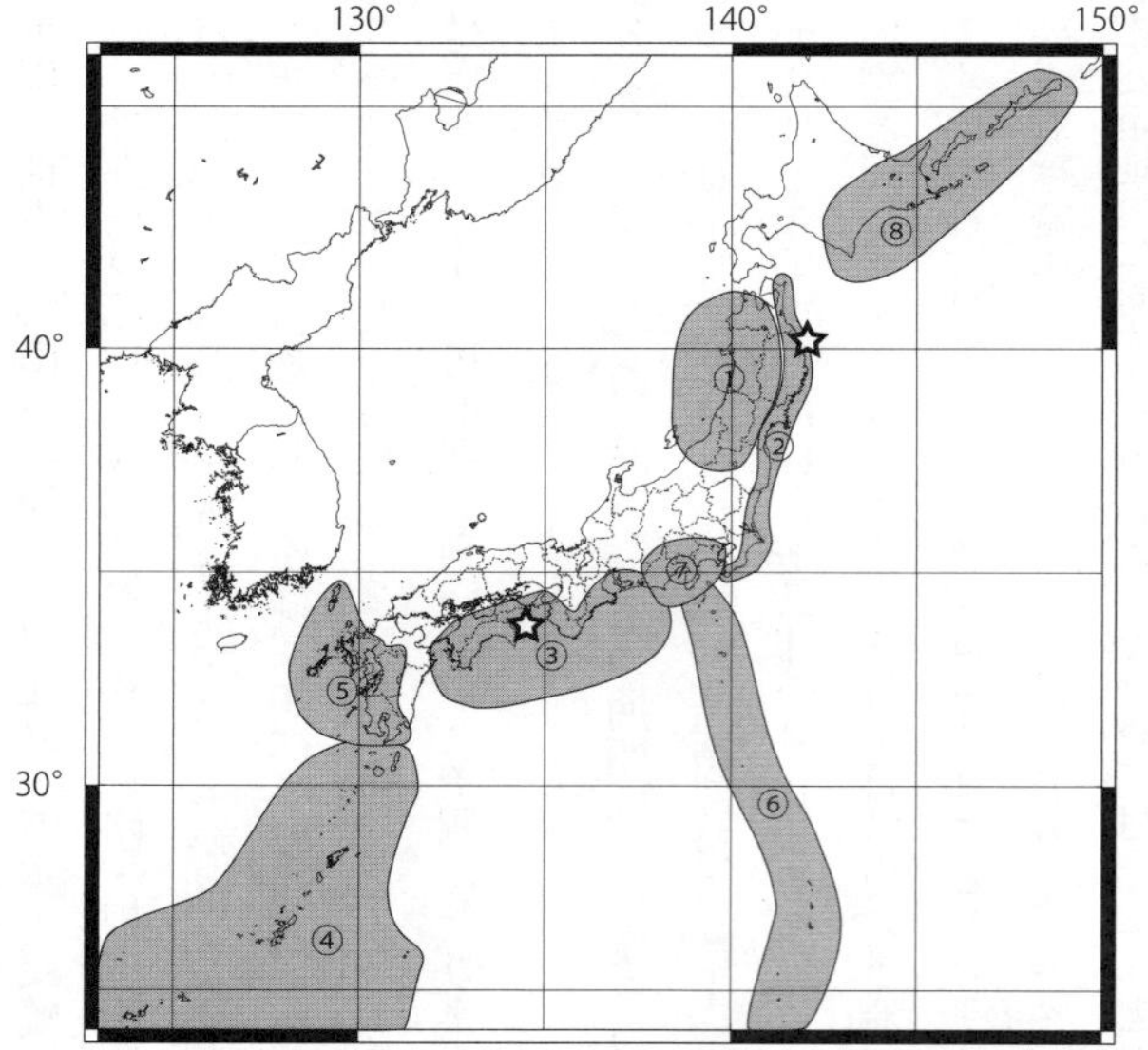

①奥羽山脈周辺及び日本海側
②東北・関東の太平洋岸
③南海・東南海地方
④南西諸島
⑤鹿児島・熊本・長崎周辺
⑥伊豆・小笠原諸島
⑦静岡県・神奈川県周辺
⑧北海道十勝・釧路・根室周辺

☆：2014年12月中旬～2015年2月中旬
までに震度５以上を記録した地震

図 3-3　週間 MEGA 情報サンプルの要注意エリア

の100%を抜き出してきて「当たっている！」と驚く人がいますが、驚くのはもう少しお待ちください。

移り変わる予測情報の扱い方

予測情報は毎週更新されますが、東北・関東の太平洋岸は2014年10月1日と12月17日の両方で要注意情報が出されています。一方、10月1日には要注視（予測期間3〜6カ月程度）とされていた③北海道道北と⑨石川県や福井県などの日本海側は消えています。このように、情報は継続されるもの、消えるもの、そして新たに加わるものがあり、さらに、そのレベル（要警戒、要注意、要注視）が変更されるものや、エリアが変わるものがあるようです。

では、どの情報を見て予測成功か失敗かを判断すればよいのでしょうか。予測情報が移り変わっていく場合は、変更前の情報もその予測期間が過ぎるまでは有効である、とする考え方があります。しかし、それでは仮に途中で、予測を取り下げたとしても、地震が発生した場合には、変更前の情報から「当たり」と判定することができてしまいます。

村井氏は自著の中で、最大震度6弱を記録した2014年11月22日の長野県北部地震について、直前に要注視エリアから除外していたため、予測失敗と判定していました。このことから、週間MEGA地震予測情報は、最新の情報で判定するのが適当なように思われます。ところが今のレベル分けでは、情報は毎週更新されるにもかかわらず、要警戒（1ヵ月以内）、要注意（1〜3ヵ月）、要注視（3ヵ月〜6ヵ月）となっています。最新情報で判断するのであれば、切迫度の違いから、たとえばAランク(高)、Bランク(中)、Cランク(低)などと分けたほうが、読み手にとってはわかりやすいのではないでしょうか。

予測情報は当たっていると言えるのか？

まず、2014年10月1日の予測情報ですが、適中率と予測率は、それぞれ11％と33％であり、成績は芳《かんば》しくありません。次に2014年12月17日の予測情報では適中率25％、予測率100％です。予測率だけ見れば成績は〝優〟になります。週間M

EGA地震予測情報に限らず、地震予測情報が当たっていると持ち上げるテレビ番組や週刊誌などは、この予測率だけを取り上げている場合がほとんどです。

ここで注目していただきたいのは、適中率のほうです。いずれの予測情報も予測率より適中率が低いことから、この予測情報はケース②（図3-1）の、予測の乱発に相当する可能性が考えられます。

2014年に震度5弱以上の地震は9個発生しています。月に1回を切る割合ですが、予測の有効期間は最大で6カ月もあります。また、2つの予測情報ともに、対象エリアはかなりの広範囲になっています。予測が毎週更新されても、前の週までの予測も有効となれば、1年中「半年以内に日本のどこかで震度5以上の地震が発生する」と言っていることと同じ情報になっている可能性が考えられなくもありません。このような誤解が生じないようにするための何らかの工夫が必要かと思われますが、参考となる情報がこの2つしかないので、現時点ではこれ以上のことは言えません。

●FM電波による地震予報

次に、八ヶ岳南麓天文台の串田嘉男《くしだよしお》氏によるFM電波の地震予報を取り上げます。串田氏は、彗星や新星を数多く発見してきたアマチュアの天文家です。彼はFM電波を用いた流星エコーの観測中に、流星によるものとは異なる電波の変動を発見し、それが地震活動と関連があるとの結論に達しました。阪神・淡路大震災以降、実証実験として会員向けに予知情報の配信を行なっています。現時点で、会員以外の方でも知っている情報は、おそらく琵琶《びわ》湖周辺の巨大地震でしょう。琵琶湖周辺の予測は、テレビ番組や週刊誌などで何度も取り上げられています。また、串田氏の著書のフォローページとして、ホームページでもこの予測に関する続報を見ることができます。

続報は2012年11月13日にはじまり、2015年5月19日が第87号で継続中です。この間に何度も発生日の予報が出されましたが、その都度先延ばしとなっています。このことからオオカミ少年と揶揄《やゆ》する声もありますが、これほど長期間継続する異常は、20年近い観測の中でも初めてとのことです。ここはその推移を見守りたいと思います。

串田氏の地震予報については、観測方法の問題点を指摘する声もあり、観測データの信頼度の点では、前述のＧＰＳデータとは性質が異なってきます（といってもＧＰＳデータにもノイズは含まれており、それを考慮しなければならない点は同じです）。しかし、本書では観測の技術的なことではなく、あくまで出される情報について考えていきます。

75％の適中率は本当か？

串田氏はあるテレビ番組で「Ｍ６以上なら75％の確率で適中」と話し、それが今でもインターネット上に残っています。テレビ番組という限られた時間なので、何を持って75％の確率で適中としているのかまでは、明らかではありません。

しかし、筆者はこの数字に懐疑的です。なぜなら、「地震前兆検知公開実験」については、第三者によって予測検証が行なわれ、論文になっていますが、このような高い割合が出ていないからです。ただし、これらの論文は、１９９５年から約2年間のデータと、２０００年から約3年間のデータによるものです。それから10年以上経過しているので、その間に精度が向上したことも考えられます。

ところが、串田氏の著書『地震予報』を見ると、2004年以降に発生した2004年新潟県中越地震（M6・8）や2008年岩手・宮城内陸地震（M7・2）、そして、2011年東北地方太平洋沖地震（M9・0）を事前に予知する情報は、発信されていなかったと読み取れるのです。こうした顕著な被害地震を適中できなかったのに、なぜ75％なのか？　と思ってしまいますが、この本には、顕著な地震の余震を予測したとも書かれています。もしかしたら、M6以上の余震を適中させたことで、75％になるのかもしれませんが、推測の域をでません。

FM電波地震予報の検証（1）

吉野他（1999）の論文では、1995年7月25日から1997年12月31日までの情報について、M5・0以上の地震を対象に検証しています。その結果、時間・場所・規模の地震予測三要素ともに当てた割合は、適中率（全予測数に対する地震を伴った予測数）が11％で、予測率（全地震数に対する事前に予測された地震数）は9％です。

ただし、村井氏のGPS予測とは異なり、時間の幅（有効期間）が最大1週間程度と、非常に狭くなっています。

次に、時間・場所・規模の個々についての適中率は、それぞれ47%、79%、34%となり、予測率は39%、83%、17%となります。場所についての割合が79%に83%と、高い点が目にとまります。場所は北海道圏から沖縄圏まで、日本を9分割したエリアになります。

適中率と予測率ともに8割前後は高い割合ですが、第2章でお話ししたように、地震は発生しやすい場所とそうでない場所があるので、その点まで考慮した上でないと8割という割合を評価できません。しかし、場所だけでも8割というのは、直感的には「無視できない」、「何らかの意味あるシグナルを捉えている」と思えなくもありません。

FM電波地震予報の検証（2）

次に、近藤（2005）の論文では、2000年1月1日から2003年11月10日までが対象期間です。ここでは、予測情報があった場合に、防災対応が必要と思われるM6・0以上の地震発生予測について評価を行なっている点が、先ほどの論文とは異なります。

その結果、M6・0以上の地震発生予測は52例ありましたが、予測した時間・場所・規模でM6・0以上の地震が発生したものは3例、M6・0以上の地震が発生しなかったものが49例でした。適中率はおよそ6％ということになります。

また、同じ期間内に、予測範囲とされた領域で発生したM6・0以上の地震32個のうち、M6・0以上の地震発生として、発生時期・発生領域が予測されていたものは3個で、予測されていなかったものは29個でした。予測率は約9％です。

この予測が適中した3例の地震は、いずれも2000年6月下旬に始まった新島・神津島から三宅島にかけての群発活動中の地震になります。この期間のM6・0以上の地震の発生率は、この地域の平常時の発生率の約130倍と高いものであることから、串田氏の予測情報は、防災情報としての有効性が認められないと、この論文では結論づけています。

適中率75%、考えられる可能性

近藤（２００５）の論文では、時間・場所・規模の個々についての評価はなかったので、その点は不明ですが、期間中に発生したＭ７・０以上の４つの地震（２０００年１月28日根室半島南東沖Ｍ７・０、２０００年10月６日鳥取県西部Ｍ７・３、２００３年５月26日宮城県沖Ｍ７・１、２００３年９月26日十勝沖Ｍ８・０）は、すべて予測に失敗したことになります。

適中したとされる新島・神津島近海の地震３つについては、最初に予測情報を出した日が２０００年７月21日であり、群発地震が始まった２０００年６月末よりも後になります。このことから、顕著な地震の余震を予測して、それを当てているといった推測が、どうも当てはまるように思えてきます。

しかし、最初にもお話ししたように、これらの論文から10年あまりが過ぎているので、その間に精度が向上した可能性は十分に考えられます。２００３年11月11日以降の予測情報が公開されれば、適中率75%の意味が明らかになるでしょう。

●ＶＬＦ電波の伝搬異常と地震

電気通信大学名誉教授の早川正士氏が顧問を務める地震解析ラボは、ＶＬＦ電波の伝搬異常により、地震予測を行っています。地震予測情報を公開し始めてからの発表データは、一切修正を加えることなくホームページ上に掲載されています。このように、第三者による検証を可能にしている点は、ＧＰＳおよびＦＭの予測情報とは大きく異なります。

有料会員が知りたいのは最新情報です。しかし、その予測情報がどの程度当たっているのかを科学的に検証する場合は、最新情報よりはむしろ過去の情報が原本のまま見られることが重要になります。

地震解析ラボの自己評価

このホームページでは過去に配信された情報とともに、「予測に対する結果」と「結果に対する予測」が掲載されています。これは当事者による予測の検証で、２０１２年と２０１３年の結果が示されています。

これを見ると、2年間に出された予測は、全部で221回あります。誤差の範囲も考慮して、時間・場所・規模の三要素いずれかに該当したとする予測は167回でした。したがって、三要素のうち、いずれかに該当した場合の適中率は76％になります。しかし、三要素すべてが該当した場合の適中率は15％です。

一方、対象となる地震は2年間で220個あり、三要素いずれかに該当した地震は173個なので、予測率は79％になります。ただし、三要素すべてに該当した場合の予測率は13％です。これも、地震解析ラボが指定した誤差の範囲を含めた結果になります。

自己評価の問題点

地震解析ラボはFAQ（よくある質問）の中で、自ら確率を公表していないと答えています。前述した適中率と予測率は、筆者が掲載されている情報から計算したものです（地震解析ラボが公表したものではありません）。そして、公表しない理由のひとつとして「自らの確率発表というのはどうしても甘くなるとのイメージを持たれることがあるから」と、答えています。

前述の適中率と予測率は、筆者が計算したものですが、その元となった掲載情報「予測に対する結果」と「結果に対する予測」が、そもそも甘くなっていることも考えられます。まず、対象とした地震ですが、「予測に対する結果」では誤差も考慮して、M4・3の地震まで当てた地震としてカウントしています。しかし、「結果に対する予測」ではM5・0以上の地震しか対象になっていません。

「誤差を考慮しているのだから問題ない」と考える方もいるでしょうが、はたしてそうでしょうか？　M4・3の地震まで「当てた」とするなら、この予測方法は、M4・3の地震まで感知できる能力があることを自ら示していることになります。であるならば、M4・3以上の地震すべてに対して、事前の予測情報がどれだけ出されていたかを見なければ、つじつまが合わなくなってしまいます。

さらに、場所についての誤差の取り方も改良の余地があるようです。たとえば、関東・中部（栃木～愛知）の予測（予測発表日2013年4月22日）に対して、千葉県東方沖の地震（4月29日M5・6）が対象地震に含まれています。栃木県から愛知県を結ぶ内陸エリアの予測に対して、千葉県東方沖の地震を当てた地震としていることに違和感を覚えるのは、筆者だけではないと思います。

●対象となる地震数を減らしてみる

対象とする地震が2年間で220個あるということは、およそ3日に1回の割合で地震が発生していたことになります。もちろん、場所が限定されているので、3日に1回ということにはなりませんが、誤差も考慮して、当たり・はずれを検証することは、非常に面倒なことです。

このようなときは、対象を減らして考えることをお勧めします。対象地震をM6・0以上とすれば、2年間で28個になります。明確にM6以上とされた予測は、2013年の4回のみで、適中率、予測率ともに0%でした。これは筆者の解釈に誤解があり、M6の表現が含まれた予測は、すべてM6以上とすると、適中率16%、予測率14%になります。

●警告するより安全宣言を

地震予測情報を受け取る人がもっとも欲しいのは、被害地震、特に甚大な被害を及ぼすような地震の予測情報ではないかと思います。

ＧＰＳデータでとらえられる地殻変動も、ＦＭ電波やＶＬＦ電波の異常も、地震の前にみられる現象であると、筆者らは考えています。しかし、それがどの程度の割合で出現する現象なのか、言い換えるなら、地震予測として使えるものなのかどうかが、まだはっきりしていない段階ではないかと考えています。

だから実験をしているのだと言われるかもしれませんが、今の情報の出し方は世間に誤解を与えかねないかと心配しています。へたすると、疑似科学やニセ科学と言われてしまうかもしれません。そこで、地震が起きないことを予測することに、変えてみてはどうかと思っています。めったに起きない地震、たとえばＭ７以上であれば、年に１、２回程度です。こうした地震だけを対象にして予測情報を出せば、安全宣言の期間が十分に確保できます。情報を受け取る人にとって、わかりやすい情報になるでしょう。

ここでぜひ強調しておきたいことは、日本は建築物の基準も世界最高レベルであり、本当に〝予知〟が必要なのは、被害が出たり、鉄道が長時間止まるような可能性のある、陸域ではM6・5以上、海域ではM7以上の地震だけだということです。

そうしますとこのような予知情報は年に1回か2回しか出ないことになります。民間の予知情報提供会社はそれでは経営が成り立たないと推察されます。そのためM5クラスの地震まで毎週予知情報を発信するのだと思います。

換言すれば、予知が必要な地震は、阪神・淡路大震災や東日本大震災のような地震だけであり、将来については、首都圏直下型地震や南海トラフ沿いの巨大地震などの、真に日本にとって重大な被害をもたらす地震だけなのだと思います。

第4章

地震は予知できる！　その心理の背景にあるもの

●地震予知に惹《ひ》かれるわけ

東日本大震災も阪神・淡路大震災もきわめて大きな被害をもたらしたことから、日本地震学会は「現時点で科学的な予知は困難」と言っています。なのになぜ、地震予知に対する人々の関心は高いのでしょうか。

地震が予知できれば人の命を救うこともできます。大切なもの（財産）を避難させることも場合によっては可能です。こうした理性的な理由だけでなく、本能的に人は先（未来）を知りたい生き物です。これから起こることを事前に知ってその準備をしたいと本能的に考える生き物です。だから、占いも商売として成り立つのだと思います。

しかし、それだけではありません。実は多くの人が「地震は予知できる」と思っていると言ったらあなたはそれを信じるでしょうか？「時間、場所、規模の三要素を明確に言い当てるなどできるはずがない、信じているとしてもそれは少数派」と答える人もいるでしょう。

では、地震の前に「何らかの前兆現象は存在する」でしたらどうでしょうか？先ほどの質問で「ノー」と答えた方の中にも、今回は「イエス」と答える人がいると思います。「地震は予知できる」または「予知できるようになって欲しい」という思いは、私たちにとって理性的にも本能的にも受け入れられるだけでなく、漠然とした感情としてもそれを受け入れる傾向にあると考えられるのです。

●8割の人が信じる地震前の動物異常行動

先ほどの「地震の前に何らかの前兆現象がある」と思う、その前兆現象として、たとえば「電気製品の誤作動」はどうでしょうか。信じる人は、さほど多くないかもしれません。電気製品の誤動作は、阪神・淡路大震災後の調査で非常に多く報告されましたが、調査・研究の歴史は、まだ浅い現象です。では、「動物が何らかの異常行動をとる」ではどうでしょうか。こちらは電気製品の誤作動に比べ、受け入れる人が多くなったのではないかと思います。

さて話は変わりますが、「2008年6月に山形県で大地震が発生する」という噂《うわさ》が、中高生を中心に県内全域に広まったことがありました。このような地震発生の噂も、ある意味、地震予知情報と言えます。ただし、明らかなニセ情報です。筆者らはこの噂について、山形県内の中高生を対象としたアンケート調査を行ないました。その結果、何と95％以上もの中高生が少なからずこの噂を知っていたのです。地震発生の噂に関する調査の詳細については第7章で詳しく述べますが、ここでは同時に実施した地震予知に関する意識調査の結果についてお話しします。

地震予知の意識調査では、世間でよく言われている現象について、それが地震の前兆現象と思うかどうかについて尋ねました。地震の前兆現象について、動物の異常行動があると少なからず思っていた生徒は81％もいました。地震雲は58％、電気製品の異常が33％でした。さらに、占いで地震が予知できると少なからず思っていた生徒も23％いました。

一方、前兆現象はない・どちらかと言えばないと思う生徒は、動物の異常行動が7％、地震雲が17％、電気製品の異常が33％でした。動物の異常行動については、肯定派81％に対して否定派は7％と、圧倒的に肯定派が多い結果となりました。

この調査は東日本大震災の前に行なわれたから、これほど地震予知に肯定的な回答が得られたのではないか？　という疑問も湧《わ》いてくるかもしれません。しかし、次に紹介する大震災後の調査でも、同じような結果になりました。

●東日本大震災以降に行なわれたアンケート調査

東日本大震災前の調査とはいえ、これほどまで多くの中高生が地震前兆現象、特に動物異常行動の存在を信じていたのは驚きでした。そこで２０１２年には動物異常行動などを信じる割合を調べることに加え、なぜ信じるのかについてのアンケート調査を実施しました。

インターネットによるこの調査は、２０１２年１月31日から45日間、東海大学海洋研究所地震予知研究センターのホームページから行なわれました。調査項目は、動物の異常行動などの地震前兆現象を信じるかどうかに加え、信じるまたは信じない理由についてであり、こちらが用意した選択肢から選んでいただきました。

有効回答数は１８６で男性94名、女性92名とほぼ半々でした。また、年齢層は40代が38％ともっとも多く、次いで30代24％、50代19％、60代以上11％、10～20代８％

と、幅広い年齢層の方にご協力いただきました。

●なぜ、前兆現象を信じるのか?

地震前兆現象として、その存在を少なからず信じる肯定派は、動物の異常行動が86%、地震雲が75%、電気製品の異常が66%でした。3つの項目で、信じる割合は動物の異常行動がもっとも高く、次いで地震雲、電気製品の異常となりました。この順番は、山形県の中高生調査と同じでしたが、肯定派の割合は、3つすべての前兆現象で、山形県での調査よりも高い結果となりました。これはインターネットによる調査は、無作為抽出ではなく、そのテーマに関心のある人が、回答する傾向があるためと考えられます。

次に、なぜ前兆現象を信じるのかについて、各設問の選択肢は、飼い犬などによる自らの体験に基づくものと、テレビやネットなどで見たことがあるといった伝聞によるものとに分けることができます。図4-1の帯グラフの中で、グレーに塗りつぶされた回答が、自らの体験に基づくもので、白抜きが伝聞になります。

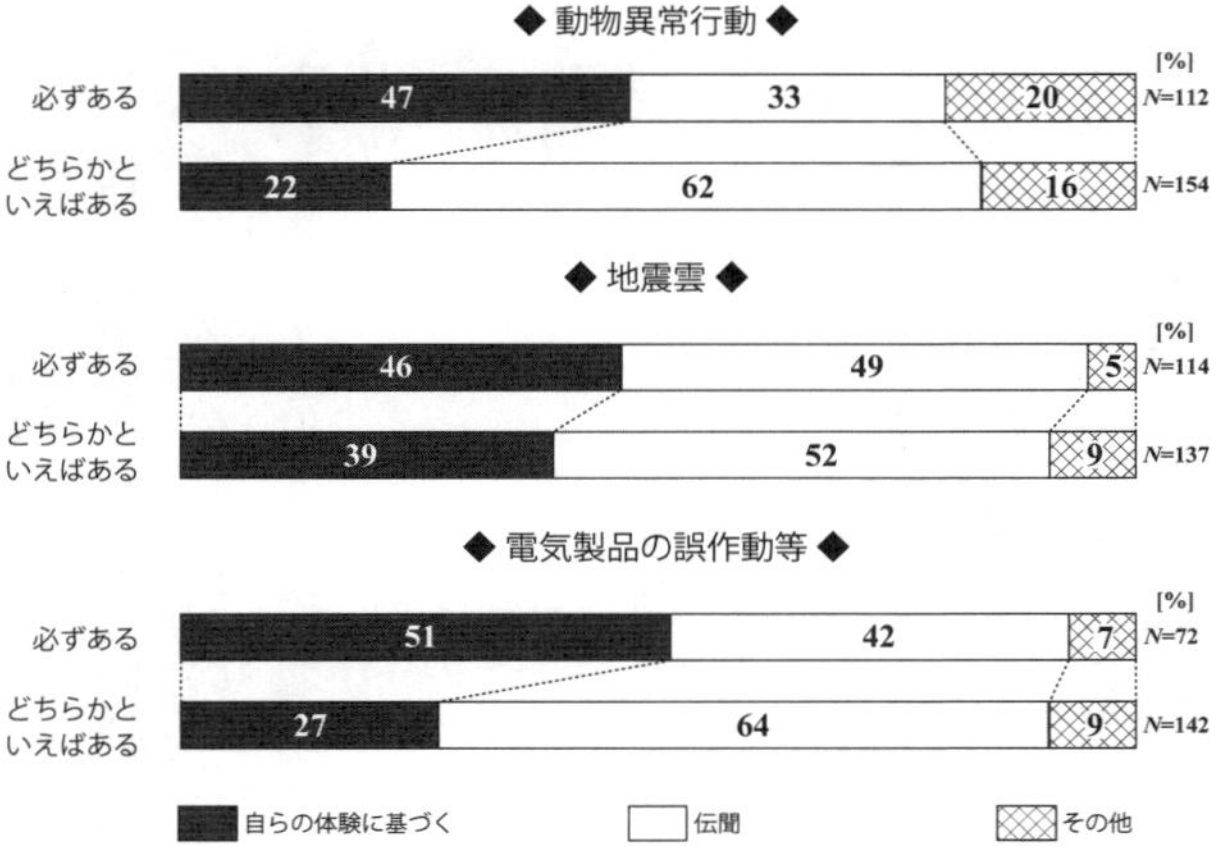

図 4-1　地震前兆現象を信じる理由（Web 調査）

結果を整理すると、「必ずある」と回答した被験者と「どちらかといえばある」と回答した被験者とで、3つの前兆現象いずれでも、同様の傾向が見られました。自らの体験に基づく場合は、その現象を強く信じ、伝聞の場合は信じる度合いが弱まります。これは、当然の結果といえるかもしれません。しかし、自らが体験したからといって、それが正しいとは限りません。

●動物異常行動を信じる理由

動物異常行動を信じる理由を探る調査は、2012年1月と2月に、東京学芸大学で実施されました。調査対象は、理数系教員志望の大学生83名と、留学生75名です。理数系教員志望の大学生を選んだ理由は、一般的な人に比べて、科学的な思考能力がある程度高いと考えたからです。また、留学生については、動物異常行動などを信じる傾向が、日本人特有のものなのかどうかを探ることが目的でした。

両調査に共通した調査項目は、動物異常行動と地震雲について、信じる度合いとその理由について尋ねたことです。また、このアンケート調査では、理由を自由記述とした点が、インターネットによる調査とは大きく異なります。

まず、理数系教員志望の大学生について、被験者は大学1年生が中心で、肯定派の割合は、動物異常行動が84%、地震雲45%でした。インターネットによる調査と比べて、肯定派の割合は、動物異常行動と地震雲のいずれの質問でも、低くなると予想していましたが、動物異常行動は、やはり80%を超える高い支持率でした。大学1年生とはいっても、まもなく2年生になる時期の調査で、しかも、理数系教員志望の大学生ですから、動物異常行動を少なからず信じる割合が84%になったのは意外でした。

信じる理由については、回答をいただいた学生の約6割強が「動物が持っている能力」を挙げていました。犬や猫は、その嗅覚《きゅうかく》が人間よりもはるかに優《すぐ》れていることは、広く世間一般に知られている事実と言えます。

また、日本ではナマズが地震を起こすと信じられていた時代もありました。ナマズに限らず、地震の前に動物が騒ぐといった類《たぐい》の話のひとつや2つは、これまでに聞いたことがあるのかもしれません。このようなことから、動物には、人間にはない自然の変化を敏感に捉《とら》える能力があり、その能力のひとつとして、地震を事前に察知していると考えても、不思議ではないでしょう。

●日本人だけではない、動物異常行動を信じる心

次に、留学生対象の調査です。出身国は25カ国にも及びますが、ひとりだけの国も多く、もっとも多い中国人でも22名でした。調査の結果、肯定派の割合は、動物異常行動が76%、地震雲が33%でした。地震雲については、言葉自体を知らないといった回答が12名いました。

動物異常行動を信じる理由については、留学生でもやはり「動物が持っている能力」を挙げた割合が48%と、もっとも高い結果となりました。少なくとも、本調査で回答いただいた外国人については、地震前の動物異常行動を信じ、その理由として、動物が持っている能力を考えている人の割合が高いと言えます。

以上、山形県の中高生への調査と、Ｗｅｂ調査、そして、東京学芸大学での調査を踏まえて言えることは、多くの人が、地震前の動物異常行動を少なからず信じているということです。その割合は、３つの調査で8割以上、残りひとつの留学生への調査

でも7割を超えていました。

もちろん、これらの調査は、対象に偏《かたよ》りがあるため、これだけで日本人の8割、中国人をはじめとした外国人でも7割の人が、信じているなどとは言えませんが、地震前の動物異常行動に対して、多くの人が肯定的であると考えても、いいのかもしれません。

●自らの体験にある落とし穴

科学的な地震予知は困難と言われても、なお、地震が予知ができると思う心理には「まだ、科学的に解明されていない手法で、可能かもしれない」といった意識が働いていることが、これらのアンケート調査から推測されました。そして、その手法として、市民がもっとも期待している、または可能性があると考えているのが「地震の前に動物が騒ぐ」といった、動物異常行動です。

さらに、注目していただきたいのは、信じる割合が7割から8割と、高いことだけではなく、動物異常行動はないとする否定派が中高生、大学生、留学生いずれでも、

1割を切っている点です。地震前の動物異常行動は、まさに、市民権を得ていると言ってもいいかもしれません。

動物異常行動を信じる理由については、人間にはない能力によって動物は予知していると考える傾向が強いことが見えてきました。そして、動物異常行動に限らず、地震前兆現象が「必ずある」と強く信じる人は、「どちらかといえばある」と、やや消極的に信じる人よりも、自らが体験していることを、その根拠とする傾向がありました。この傾向は、信じない場合も同じで、強く信じない人は、やや消極的に信じない人よりも、自ら経験したことがないことを、その理由に挙げていました。自らの体験の有無《うむ》は、信じる、または信じない心に強く影響しています。

しかし、体験は時として誤ったことを信じてしまうことにも作用します。たとえば、心霊現象の体験談やUFOの目撃談などの中には、後日の調査で、そのような現象はなかったことが確かめられた事例は、数多く存在します。自ら体験したことや、この目で見たものであっても、事実とは異なる解釈をしてしまい、誤った結論を導き出してしまうことがあります。

●信じる心と確証バイアス

地震前の動物異常行動について言えば、自らの体験談ならば、筆者にもあります。当時、生後８ヵ月の飼い猫は、育ち盛りで食欲旺盛《おうせい》でした。ところが、東日本大震災の前日に突然食事をとらなくなったのです。このことは、巨大地震とともに強く印象に残りました。しかし、その後４年以上経過した段階で、食事をとらなくなったことは何度かありましたが、巨大地震は起こりませんでした。

私のように、地震前に何かの異常、たとえば、ペットの異常行動や奇妙な雲を見たなどの体験をした方は、意外と多いかもしれません。このような体験は、その後に大きな地震などがあると、それと結びつけられて記憶に残ります。しかし、異常を体験しても、その後に地震などインパクトのある出来事がないと、その体験は忘れ去られるといった傾向があります。これを何度か繰り返しているうちに、人はペットの異常行動や、奇妙な雲を見た後に、地震があった場合のことだけを覚えているようになります。

このように、自分に都合のいい情報だけを集めて、自己の先入観を補強すること

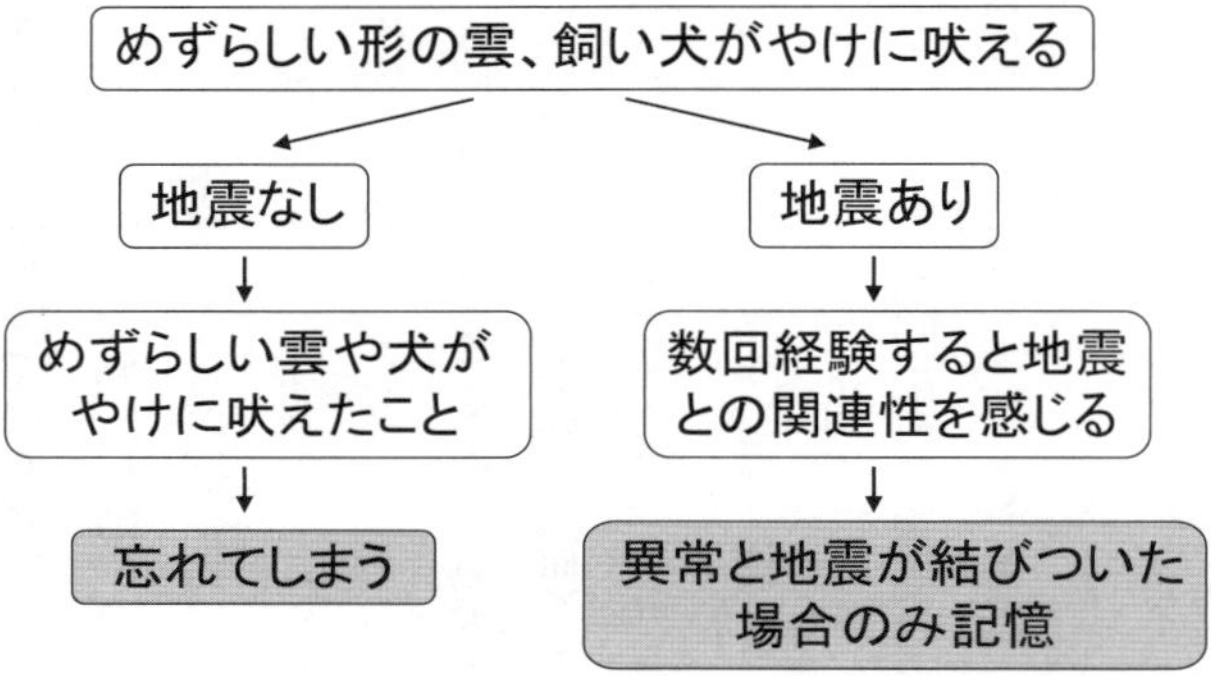

図4-2　確証バイアスの例

を、認知心理学では「確証バイアス」と呼んでいます。バイアスとは、偏見や思い込みのことで、この確証バイアスによって、人は当たったときのことだけが、強く記憶される傾向にあります（図4－2）。

●認知心理学からの指摘

地震前の動物異常行動や、奇妙な雲などについては、確証バイアスの影響のほかに、錯誤相関である可能性も考えられます。錯誤相関とは、実際は相関がなくても、たとえば「傘を忘れると必ず雨が降る」と思ってしまうようなことで、2つの事柄のリンクを、過大に評価してしまうことです。このように、体験したことならば信じられるといった思考には、落とし穴があることに注意しなければなりません。

動物異常行動が、地震に先行する現象であるとする研究論文は、これまでにも数多くありますが、その多くは、地震の前のことだけに言及しています。こうした論文も含め、認知心理学からは、地震の前に動物異常行動があるとする主張の多くは、確証バイアスの影響を受けている可能性があると、指摘されています。

そうした指摘を覆《くつがえ》すには、何を持って異常行動とするかを明確にした上で、長期間にわたるデータを使って、統計的に検証する必要があります。しかし、長期間にわたってある動物を観察し続けることの難しさもあってか、こうした研究は非常に少ないのが現状です。

動物の異常行動と、地震とを結びつけるには、単に、地震の前に動物異常行動があればＯＫというわけではありません。動物異常行動に代表される宏観《こうかん》異常現象と呼ばれるものが、本当に地震と関係があるのかについては、第５章で深く掘り下げたいと思います。

●地震予知は原理的に不可能か？

地震予知ができるかできないかについては、学術的な場面でも、長年論争が続けられてきましたが、否定論者はしばしば、そもそも地震予知は原理的に不可能だ、と言います。その理由は、地震の発生過程が「複雑系」だからです。

複雑系とは、簡単に言えば、さまざまな要因が絡み合って、予測が困難なものです。たとえば、割り箸《ばし》をだんだん曲げていくと、いつかは割れます。しかし、その〝いつ〟を正確に予測することはできません。その理由は、割り箸の素材や、そのときの温度や湿度、力のかけ具合など、さまざまな要因が絡み合っているからです。こうした複雑系に分類されるものは、地震以外に生命科学や気象現象、経済活動などさまざまです。

また、地震の破壊が始まる地点と、もっとも大きく滑《すべ》った領域が、多くの地震で異なることから、地震の破壊が始まってから、どれだけその破壊が進行するのかは、起きてみなければわからない、という考え方があります。地震は自分がどれだけの大きさなのか、事前に知りえないのだから、当然、予知はできないということになります。

しかし、近年の統計物理学の進歩や、破壊の物理学の進展により、「もう戻れない」という段階で生起する異常を捉えることで、複雑系でも予知可能とする考え方があります。ただし、極端な言い方をするなら、それが１秒前なのか、それとも１日前なのかで、予知の実現性は左右されます。

天気予報も長期予報は難しいですが、たとえば、30分後に雨が降るかは、雨雲の分布や気圧の変化などの観測データから、より高精度な予測が可能です。つまり、非常に先の予測（長期予知・予報）に比べ、すぐ未来の予測（短期・直前予知）は、かなりの高精度で可能であるという考え方です。

●確率論的な地震予測の可能性

地震予知を目指す研究者からは、決定論的な予知は無理でも、確率論的な予測なら可能性はあると考えている人もいます。たとえば、天気予報も１００％確実ではありません。しかし、地震の場合は、特に、マグニチュード８を超えるような巨大地震の場合は、経験が非常に乏《とぼ》しいため、天気予報と同様に論じることはできません。

近年発表された海外研究者の論文では、ある本震に対して、その前震と余震の起こり方に相似関係があると指摘しています。別の言い方をすれば、余震は本震のマグニチュードによって発生する範囲や、地震の規模などがある程度違ってきますが、それが前震でも見られるということです。ただし、前震から本震の場所や規模を予測するには、膨大な数の前震が必要なので、この研究結果が即予知につながるものではありません。

地震予知が原理的に不可能であると、筆者らは考えていません。前述したように、地震先行現象があったとしても、地震が予知できるわけではありませんが、ひとつの先行現象では予測精度が低くても、複数の異なる現象が捉えられた場合、その地震の予測精度は高くなると考えています。

第5章

人が捉《とら》える前兆現象

動物異常行動や地震雲と呼ばれているものは、人の目で判断することができる現象です。このように特別な計測機器に頼らず、人の感覚で認識できる地震前兆現象のことを宏観《こうかん》異常現象と言います。

●宏観《こうかん》異常現象と、ナマズの研究

宏観異常現象は、犬が悲しそうに鳴く、カラスが騒ぐ、深海魚が打ち上げられるなどの、動物の異常行動に関するものの他に、いわゆる地震雲、発光現象など、空や雲に関する異常、TVやラジオの受信不具合、リモコンの誤作動など、電気製品の異常、耳鳴り、寒気といった人間の異常などさまざまです。また、地下水（井戸水）の渇水やにごり、地鳴り、海鳴り、花の狂い咲きなども、宏観異常現象に含まれます。

日本でもっとも有名な宏観異常現象は、大地震の前にナマズが騒ぐといった伝承でしょう。このナマズと地震の関係については、科学的な研究があります。1931年から1932年にかけて、青森県の東北大学附属浅虫《あさむし》臨海実験所で、ある実験が行なわれました。リーダーであった畑井新喜司《はたいしんきし》氏は、水槽で飼っているナマズについて、この水槽をのせたテーブルを指で叩いて、ナマズの反応を調べたところ、敏感に反応する場合は、80％の確からしさで、数時間以内に地震を感じたと報告しています。

東京都水産試験場は、1976年から1992年の16年間、ナマズの行動の定量化をはかり、客観的に異常行動を判定し、地震との関係を調査しました。その結果、1978年から1992年までの14年間に、東京都で震度3以上を記録した日の10日前までに、異常行動の見られた地震は、3割1分であったと報告しています。しかし、この確率は、ナマズの異常行動判定を厳しい標準偏差基準に基づかせているので、基準を変更すれば、確率も変わるといった指摘があります。また、ナマズの行動に関する研究は、神奈川県でも行なわれていました。

神奈川県淡水魚増殖試験場では、1979年から1984年まで、ナマズの行動を連続観察し、地震と関連性が認められる異常行動を抽出しました。この期間中に、地震までの距離が100㎞未満で、震度3以上の地震は24個あり、それらの地震に先行するナマズの異常行動は、10回ありました。これは42％（10／24）の地震の前に、ナマズが異常行動をとったことになります。しかし、期間中ナマズの異常行動は、全部で150回あり、地震を伴った異常行動は、わずか6・7％（10／150）で、地震予知のための情報としては、不満足なものという結果になりました。

●動物の種別による違いと、実験による検証

話を、ナマズから一般的な宏観異常現象に移しましょう。東京大学地震研究所長も務めた力武常次《りきたけつねじ》氏は、晩年は宏観異常現象の研究を精力的に行ない、異常現象はミミズなど体が小さいものから発現し、地震発生日に近づくにつれて、馬などの大きな動物へ波及していく傾向が見られるとしています。また、大地震ほど遠くまで異常が出現し、前兆の出現時間については、本震の100日前頃から始まり、10日ぐらい前から急増し、1日から半日くらい前に、ピークに達するとしています。このような傾向から、複数の前兆により、震源およびマグニチュードの予測が可能であると述べています。

また、前兆現象の報告の中には「にせ」のシグナルも含まれていて、真のシグナルは、20~50個に1個程度であるとの可能性を示しています。ただし、この解析に用いられたデータは、すべて地震発生後に収集されたものです。

大阪大学の池谷元伺《いけやもとじ》氏は、ネズミが落ち着かなくなる、魚が同じ方向を向く、テレビにノイズが入るなど、阪神・淡路大震災で報告された事例を中心に、電磁気現象の実験により、これらを再現しました。また、電磁気現象を起こす原因としては、地殻内の岩石にかかる圧力が、変化することによって生じるピエゾ電気成因（圧電補償効果）説を唱えました。

この実験により、電磁気的な刺激によって、地震前と同様の現象が起こることが実証されました。しかし、地震の前に動物が異常行動を示したときに、同時に、その元となった電磁気が、観測されたわけではありません。実験で使われた電磁気シグナルが、地震の前に動物異常行動とともに観測されれば、動物異常行動とその原因に関する研究は、大きく飛躍するでしょう。

●中国やヨーロッパ、海外の研究から

宏観異常現象に関する言い伝えや記録は、日本だけではありません。中国やロシア、ヨーロッパなど世界中の地震国にあります。ドイツの物理学者ヘルムート・トリ

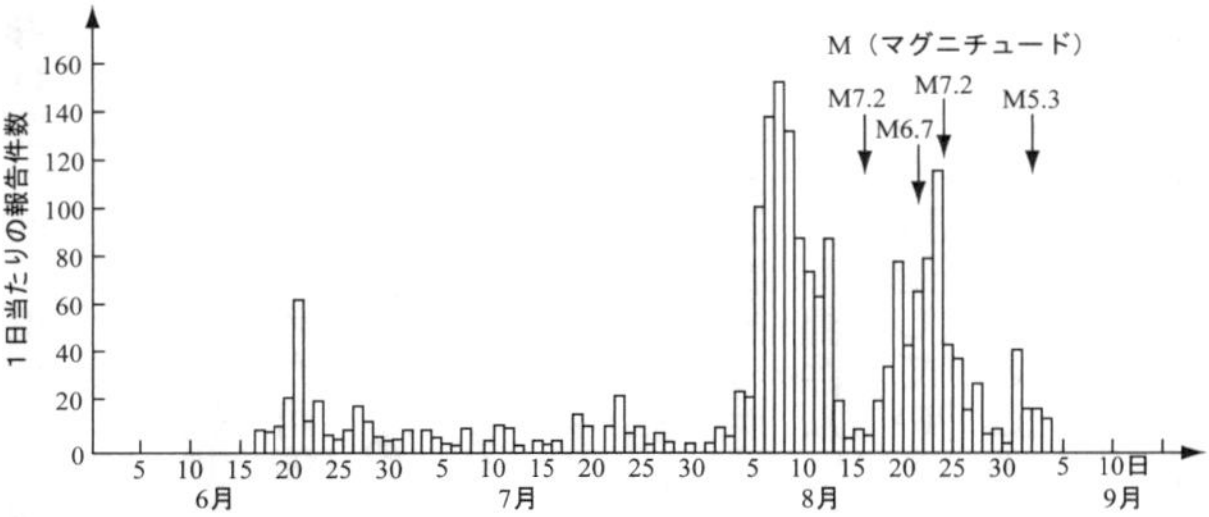

図5-1　1976年松潘・平武地震前後の宏観異常（尾池、1978より）

き、M７・２地震の約10日前から報告数が急増し、地震発生直前に報告は収束（減少）して、地震が発生しました。

情報収集開始直後に報告数が増えているのは、住民が関心を持ったためであると考えられます（アナウンス効果と呼ばれるもの）。その後、関心も冷め、報告数は低調に推移しました。そして、地震直前に報告数が増えました。これは、情報収集開始直後とは異なり、真のシグナルが捉えられたため、と考えることができます。

●イタリア・ラクイラ地震とヒキガエル

近年では、２００９年４月６日にイタリア中部で発生したラクイラ地震（M６・３）について、ヨーロッパ・ヒキガエルのオスが、５日前にこの地震を予知していたという報告があります。ラクイラ地震は、安全宣言を出したイタリア地震委員会のメンバー7人（行政官2人、学者5人）が、過失致死でラクイラ地方裁判所に起訴されたことで、ご存知の方がいるかもしれません。

英国オープン大学のグループは、3月27日から4月24日までの29日間、ラクイラから74㎞離れたサン・ルフィノ（San Ruffino）湖で、ヒキガエルのオス、メス、そしてつがいの数を観察していました。3月28日の時点で、交尾のために湖に集まってきたオスは、90匹以上を数えていました。しかし、3月31日には急激に減り、地震の5日前となる4月1日には、ほとんどのオスが湖からいなくなりました。

繁殖地で冬眠し、産卵シーズンが終わるまで、その場を離れないのがオスの習性なので、こうした行動はたしかに「異常」と言えますが、それが本当に大きな地震の前だけに見られる現象なのかどうかまでは、明らかになっていません。

●阪神・淡路大震災では、どうだったのか

1995年1月17日に発生した兵庫県南部地震（M7・3）は、都市部を襲った直

下型の地震でした。6千人以上の死者が出てしまったこの大災害は、阪神・淡路大震災と呼ばれています。震源が都市部に近かったこともあってか、地震後には多くの前兆現象に関する証言が出てきました。

大阪市立大学の弘原海《わだつみ》清《きよし》氏はこのような前兆証言を1519事例集め、内容ごとに分類・整理し、『前兆証言1519!』として出版しました。この中には、注目すべき証言がある一方で、明らかに「にせ」シグナルと思われるものも見られます。しかし、編集で選別せずに、あえて集められた証言すべてを一冊の本にまとめました。

証言を分類すると、空と大気の異常に関するものが29%ともっとも多く、その中でも、地震雲が全体の4割強を占めていました。また、異常の出現時期は、地震発生前日の16日午後に急増し、17日朝の発生まで継続しています。中国の松潘・平武地震では、地震発生直前に報告が収束(減少)し、地震が発生しているので、この点は異なります。

証言の地域分布は、被災地の兵庫県が全体の39%ともっとも多く、次いで、大阪府の33%でした。三番目以下は、京都府5%、奈良県4%、岡山県2%と、極端に少なくなっています。また、北海道から熊本県まで、全国から前兆証言が集まりました。

●証言の信憑性《しんぴょう》

阪神・淡路大震災の前兆には、同じ現象についての複数の証言があります。たとえば、地震発生直前は夜明け前にもかかわらず、空が明るくなったといった証言です。これは、一種の発光現象と考えられますが、複数の人が同じ時間帯に確認していることから、実際にあった出来事と考えられます。

また、電機通信大学の芳野赳夫《よしのたけお》氏は、地震発生時に震央付近を走行していたトラックの運転手から、ラジオに入った雑音（ノイズ）の変化と、走行場所および時間を詳細に聞き取り、本震発生直前に強烈なノイズが放射されていた、と報告しています。この運転手がアマチュア無線技師の経験があったことから、雑音レベルの変化を明確に記憶しており、このような報告につながりました。

地震雲に関しては、世間的に言われているそれとは違う性質のものでした。『前兆証言1519！』の表紙絵にもなっている竜巻状の雲は、震源地付近から発生した可能性が示唆されています。一般的に地震雲といわれている雲の形は、飛行機雲のような直線状のものから層《そう》状のもの、弧《こ》状のものなど、多種多様です。阪神・淡路大震災前の竜巻雲は、地下から発生したガスにより生成されたといった説もあります。

さらに、『前兆証言1519！』を整理すると、震源地から遠ざかるほど、空と大気の異常に関する証言が増え、震源から50㎞以内より、50〜100㎞のほうが、鳥類に関する証言が多いなど、空間的な分布に偏《かたよ》りがあることがわかりました。この震央からの距離による証言内容の違いについて、その真偽を統計的に検証すると、少なくとも震央から100㎞以内の証言は、ほぼ正しいと見てよいと主張する研究報告もあります。

●東日本大震災と、過去の三陸大津波

三陸地方は、昔から繰り返し大津波の被害を受けてきました。2011年3月11日に発生した東北地方太平洋沖地震（M9・0）の揺れは、東京でも死者が出てしまうほど広域に及び、その後襲来した大津波は、東日本沿岸に甚大な被害をもたらしまし

た。東日本大震災とは、東北地方太平洋沖地震による大災害の名称であり、地震の名称は東北地方太平洋沖地震になります。阪神・淡路大震災と兵庫県南部地震も、同じ関係です。

さて、三陸地方の各地には、過去の大津波の被害を記す石碑や、低地に家を建てることを戒《いまし》める石碑が残っています。こうした過去の災害の記憶を後世に残しているものとして、大津波を伴った大地震の前兆現象に関する伝承も残っています。

多彩な記録文学を数多く発表したことで知られる、作家の吉村昭氏は、明治三陸地震や昭和三陸地震など、過去に起きた大津波を伴った地震について、三陸地方で聞き取り調査を行ない、ルポルタージュとしてまとめました。そこには、前兆現象に関する証言も詳細にまとめられています。明治三陸地震、昭和三陸地震の2つに共通する前兆現象は、井戸水の渇水やにごり、豊漁や不漁といった漁獲の異常、そして津波直前の発光や大きな音でした。

●明治三陸地震と、昭和三陸地震前の異常

明治三陸地震は、1896年6月15日午後7時32分に発生しました（図5-2）。地震の規模は、マグニチュード8・2から8・5と推定され、津波による死者・行方不明者は、およそ二万二千人と言われています。

この地震では、前日の6月14日に沿岸一帯の漁村で井戸水の異変があり、岩手県東閉伊《へい》郡宮古《みやこ》町（現宮古市）では、60メートルの深さをもつすべての井戸の水がにごり始めたとあります。

漁獲の異常についていては、5月までは不漁でしたが6月に入ってからは、三陸海岸一帯でマグロ、カツオ、イワシが豊漁になりました。また、その年の3月頃からは、三陸海岸一帯でウナギの姿が確認され、地震の数カ月前からは、岩手県北閉伊郡磯鶏《そけい》村（現宮古市）で、川菜と称する海草が磯に生《は》え始めたとあります。さらに、この現象は、安政3年の津波襲来前も同じだったとのことです。

昭和三陸地震は、1933年3月3日午前2時30分に発生した、推定マグニチュード8・1の地震で、犠牲者は三千人を超える大惨事でした（図5-2）。当時の三陸海

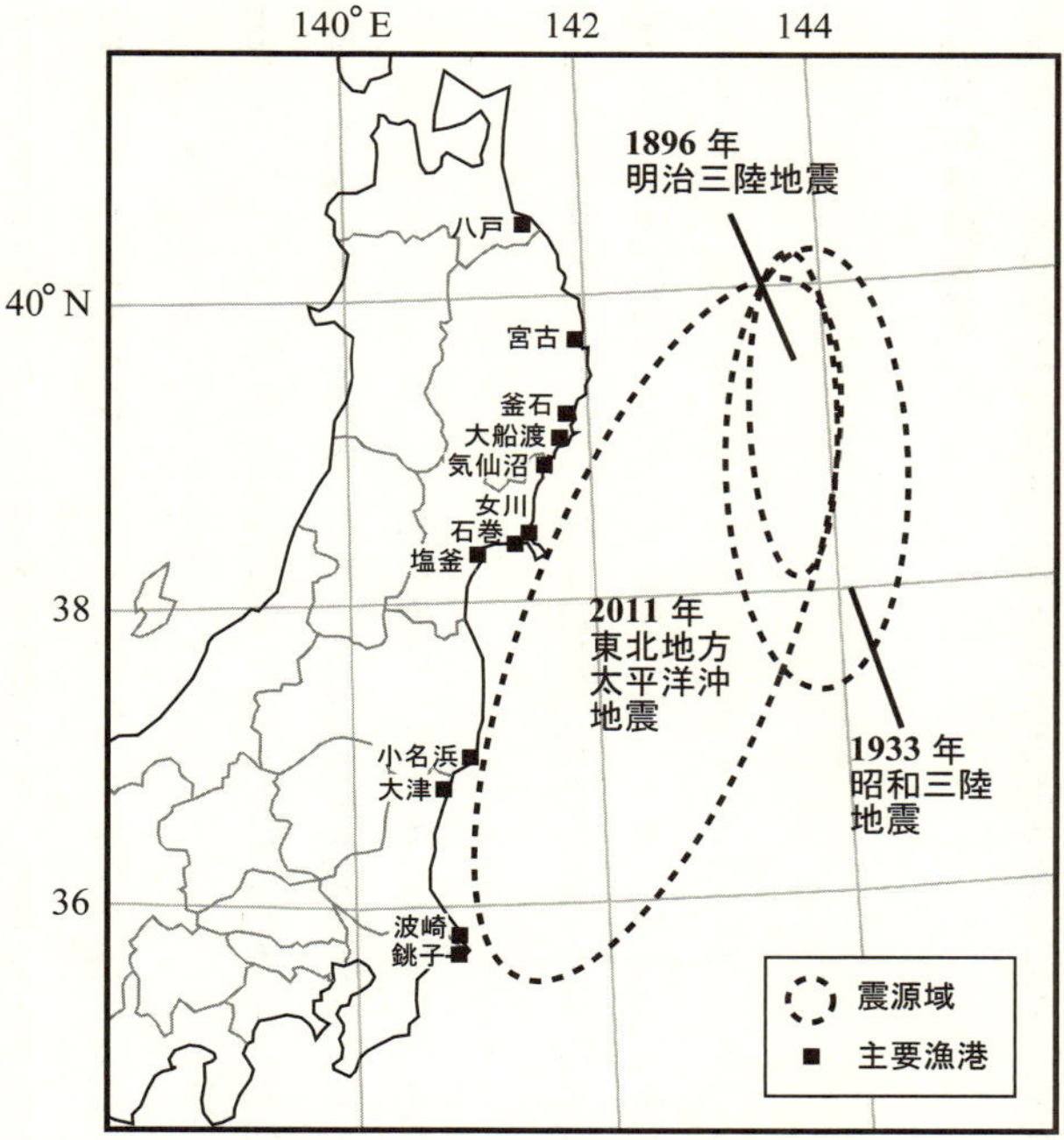

図5-2　三陸地震の震源域と主要漁港

岸住民の間には、「冬期と晴天の日に津波の来襲はない」という言い伝えがありました。昭和三陸地震は、地震の規模に比較して揺れが小さかったことと、この言い伝えも災《わざわ》いして、被害が拡大したとも言われています。

昭和三陸地震については、明治三陸地震よりもさらに詳細な証言が残っています。井戸水は、岩手・宮城両県の三陸地方における異常が記録されていますが、岩手県気《け》仙《せん》郡越喜来《おきらい》村（現大船渡市）では、寺院と神社、個人宅の名称に関する情報が残っています。

漁獲の異常は、イワシ漁について、例年11月で終わるはずが年越し後も激増し、三陸沿岸各地でイワシが大豊漁だったとのことです。また、場所は定かではありませんが、アワビの大量死や無数の海草類が海岸をうずめるほど漂着した、との証言もありました。

●東日本大震災前の漁獲異常

東日本大震災前に、明治および昭和三陸地震前のようなイワシ、マグロ、カツオの漁獲異常はあったのでしょうか？　各漁港の水揚げ量については、月別のデータが農林水産省により取りまとめられ、公開されています。このデータを使って漁獲異常を検証してみたいと思います。

まず、何をもって漁獲異常とするかですが、吉村氏は「豊漁」や「激増」といった定性的な表現で、それは三陸海岸一帯、または各地で見られた、とあります。本書では、２０１１年2月を基準の月として、その水揚げ量が、前月（1月）および前年の同月（２０１０年2月）と比べて、いずれも10倍以上、または10分の１以下になっている漁港が、複数ある場合を「漁獲異常」と定義することにしました。ただし、水揚げ量が10トン以下と少量の場合は対象外とし、水揚げの記録がない場合は、比較するもう一方の月が10トン以上であれば、10倍以上もしくは10分の１以下と同じ扱いにしました。

対象とする期間は、データが公開されている２００３年１月から東日本大震災前月の２０１１年2月までで、魚種はイワシだけでなく、マグロやカツオなども含め計24種です。ただし、データ欠損も多いことを付記しておきます。

この条件で、2011年2月が漁獲異常となったのは、マイワシの水揚げ量増加のみでした。異常となった漁港は、宮古、大船渡、気仙沼、小名浜《おなはま》、波崎《はさき》、銚子《ちょうし》の6漁港です（図5-2）。なお、気仙沼と小名浜、波崎、銚子の4漁港は、2003年から2010年までの、8年間の2月の水揚げ量すべてを加算した量よりも、2011年2月ひと月の水揚げ量のほうが多いというオマケ付きでした。

さらに、この6漁港は、東北地方太平洋沖地震の震源域同様に、岩手県から千葉県までの五県にまたがっていました。昭和三陸地震のときのような「年越し後も豊漁」が続いたわけではありませんが、巨大地震の直前に、イワシの漁獲異常が見られたことは共通しています。

●マイワシの漁獲異常は前兆か？

では、このマイワシの漁獲異常が、本当に東日本大震災と関係があると言えるのかについて検討してみます。異常と判定された月は計12回ありました（表5-1）。漁港数は、2011年2月の6漁港がもっとも多く、次いで、2007年1月の4漁港で

年	月	漁港名
2005	7	石巻，波崎
2006	7	小名浜，大津，波崎
2006	11	小名浜，大津
2007	1	石巻，小名浜，大津，波崎
2007	6	気仙沼，波崎
2008	8	小名浜，大津
2009	6	石巻，小名浜，大津
2009	8	八戸，気仙沼
2009	11	波崎，銚子
2010	1	波崎，銚子
2010	11	八戸，　大船渡，石巻，小名浜，波崎
2011	2	宮古，大船渡，気仙沼，小名浜，波崎，銚子

表5-1　漁獲異常の年月とその漁港

す。

次に、この6と4という数を、それぞれの分母も考慮して比較してみます。2011年2月は、データのある漁港が全部で12でした。したがって、全12漁港のうち半数の6漁港で、異常が見られたことになります。

一方の2007年1月は、全部で8漁港です。つまり、8漁港のうち4漁港、こちらも全体の半数で、異常が見られたことになります。また、この4漁港は宮城、福島、茨城の三県にまたがっており、2011年2月の5県には及ばないものの、広域と言えます。

しかし、２００７年２月には、マグニチュード（M）８クラスの地震ばかりでなく、M７の地震すら発生しませんでした。もし、漁獲異常となった漁港数と、その場所が地震の震源と規模に関係するとしたなら、２００７年２月には宮城沖～茨城沖で、M８クラスの大地震が起きていてもおかしくありません。

この結果から考えれば、２０１１年２月の漁獲異常が、翌月の地震に関係していたとするのは早合点と言えます。一方で、異常が岩手県から千葉県までと、広域に見られたことは、注目に値します。現時点では、両者が関係しているとも、していないとも言えません。

●イルカやクジラの海岸打ち上げと地震

２０１１年３月４日、茨城県鹿嶋《かしま》市の海岸に、イルカの一種であるカズハゴンドウが、集団（54頭）で乗り上げました。このように、イルカやクジラが複数頭で海岸に打ち上がることを、マス・ストランディング（集団座礁）と言います。

そして、その７日後に東日本大震災が発生したため、インターネットを中心に、このマス・ストランディングは、東日本大震災の前兆現象だったのではないかといった話が飛び交いました。

イルカやクジラのストランディング情報は、一般財団法人日本鯨類研究所が、全国から集められた情報を取りまとめて、そのデータを一般公開しています。この記録を見れば、イルカやクジラのストランディングが、地震とは無関係なことがわかります。なぜならストランディングは、日本全国で年間200回以上記録されているからです（表5−2）。仮に、ストランディングの後に大きな地震があったとしても、大きな地震を伴わないストランディングのほうが、はるかに多いからです。

なお、2001年と2002年は100件未満ですが、この時点では、まだ全国からの報告が集約されていなかったため、件数が少ないと考えられます。

年	件数	
2001	22	
2002	60	
2003	131	
2004	197	
2005	240	
2006	243	
2007	227	
2008	290	
2009	226	
2010	227	
2011	28	（3/11まで）

表5-2 日本全国の海棲哺乳類ストランディング数
（一般財団法人日本鯨類研究所のストランディングレコードより作成）

年月日	都道府県	位置	群頭数	30 日後までに発生した地震
2001/2/11	茨城	波崎町（現神栖市）	50	なし
2002/2/25	茨城	波崎町（現神栖市）	85	2002/3/26 石垣島南方沖 M7.0
2006/1/23	千葉	旭市行内飯岡海岸	26	なし
2006/2/22	千葉	いすみ市岬町太東海岸	2	なし
2006/2/28	千葉	長生郡一ノ宮町東浪見	67	なし
2010/4/18	茨城	神栖市須田浜	4	2010/4/26 石垣島南方沖 M6.6 2010/5/3 小笠原北方沖 M6.1
2011/3/4	茨城	鹿嶋市下津海岸	54	東北地方太平洋沖地震

表5-3 カズハゴンドウのマス・ストランディング（茨城県と千葉県の太平洋岸）

●東日本大震災前のイルカの集団座礁

このストランディングについて、場所と種別を、茨城県と千葉県の太平洋岸で発生した、カズハゴンドウのマス・ストランディングに絞ると、２００１年１月１日から２０１１年３月11日までの間に、７回記録されています（表５−３）。一方、地震を岩手県から千葉県までの太平洋沿岸で発生したマグニチュード（Ｍ）６・０以上、深さ１００㎞以浅の地震に絞ると、20個の地震が発生していたことになります（ただし余震は除く）。

マス・ストランディングから30日後までに、地震が発生したケースは、２０１１年３月４日の１回なので、確率は７分の１です。また、マス・ストランディングのあった地震も１個なので、確率は20分の１です。

このように、異常（この場合はマス・ストランディング）と地震との関係を〝公平に〟見れば、両者の関連性は、きわめて低いということがわかります。したがって、東日本大震災と、その７日前のマス・ストランディングの時空間的な関係も、偶然の範囲内と考えるのが妥当です。

●２０１５年４月のイルカの打ち上げと地震

２０１５年４月10日には茨城県鉾田《ほこた》市の海岸で、やはり、カズハゴンドウが約１５０頭打ち上げられるという出来事がありました。このマス・ストランディングから10日後の４月20日に、石垣島《いしがき》の西南西１８０km付近でＭ６・８の地震が発生しました。読者の中には気づいた方もいるかもしれませんが、表5-3を見ると、石垣島南方で発生した地震の２つが、マス・ストランディングと対応しています。

東北地方太平洋沖地震は特段大きかったからで、実は、石垣島周辺の地震と関係あるのでは？　と考えられなくもありません。しかし、与那国《よなぐに》島から台湾付近で発生した地震は、Ｍ７・０以上だけでも２００１年12月18日Ｍ７・３、２００２年３月31日Ｍ７・０、２００２年５月15日Ｍ７・０があり、これらの地震前30日以内に、マス・

ストランディングは記録されていません。都合のいいところだけを抜き出して、地震と関連があると言われても、それでは説得力がありません。

イルカやクジラの座礁に限らず、深海魚の打ち上げも地震との関連性が指摘されることがあります。たしかに、深海魚の打ち上げの後に、地震が発生したケースはあります。しかし、地震が発生しなかったケースも数多くあり、また、深海魚の打ち上げがなく、地震だけが発生した場合も数多くあります。2つの出来事の時空間的な関係を〝公平に〟調べれば、そのほとんどは、偶然のレベルで説明できます。

●未《いま》だに成功しない宏観異常現象による予知

地震予知の中でも、宏観異常現象による予知は、一般の人々にもっとも身近なものです。1970年代の中国では、地震計などの機器による観測の他に、人の感覚による宏観異常現象も取り入れて、海城地震（M7・3）など、幾つかの地震で予知が成功したと言われています。また、筆者らが行なった地震予知意識調査では、多くの人が動物は地震を予知できると考えていることがわかりました。しかし、未《いま》だにこのような手法による地震予知法は、確立されていません。

宏観異常現象は人間が判断するものですから、観測者の偏見により、結果が歪《ゆが》められてしまう可能性が指摘されています。極端な言い方をするなら、見た人の思い込みにすぎないということです。

力武氏によれば、宏観異常現象は大地震ほど遠くまで出現し、複数の前兆から震源およびマグニチュードの予測が可能であるとしました。それから15年以上経過していますが、宏観異常現象によって予知が成功したという話は、聞いたことがありません。

その理由は、力武氏の解析に用いられたデータが、すべて地震発生後に収集されたものだからであると考えています。震源に近く大きく揺れたところほど、地震に対する関心度は高く、動物が騒いだことや、奇妙な雲を見たことが、地震と結びつけられる傾向も、強くなってしまうことが推測されます。この解析で集められたデータそのものが、すでに歪められていた可能性が考えられます。

●前兆探しがうまくいかなかった理由

阪神・淡路大震災では、震源地周辺と遠方で、宏観異常現象の種別に差異があったことから、すべてが思い込み（ウソ）と結論づけるのは早計でしょう。しかし、東日本大震災は、阪神・淡路大震災よりも、かなり大きな地震だったにもかかわらず、宏観異常現象の証言は、阪神・淡路大震災ほど多くはありませんでした。

その理由としては、東日本大震災の震源が陸から離れた海域だったことや、地震のメカニズムの違い（プレート境界や内陸の活断層）、さらには震源域の地質の違いなどが考えられます。また、阪神・淡路大震災は、人が多く住む居住地に近い場所で発生したため、証言が集まりやすかったことも考えられます。

力武氏は、集められた情報の中に、偽りの情報が含まれていることを指摘しています。そして、仮に一定量の偽り情報（ノイズ）が含まれていたとしても、地震の前には、そのノイズレベルを超える真の情報が増えるので、予知できると考えました。このような考えに基づき、事前に多数のデータが集められれば、地震が予知できると考える人もいました。

現代ではインターネットが普及し、全国から情報を集められるようになりましたが、マグニチュード9・0の東北地方太平洋沖地震ですら、予知することはできませんでした。それは、インターネットで集められる情報のほとんどが、ノイズだからではないかと筆者は考えています。なぜなら、インターネットで情報を投稿する人は、地震に関心があり、宏観異常現象があると思っているから、わざわざ投稿すると考えられるからです。単に異常報告を集めるといった手法は、地震予知には役立たないと考えます。

●宏観異常現象の研究方法――森を見る目――

動物異常行動に関する研究は、大別すると、動物の観察により異常行動を抽出して、発生した地震との関連を検証する方法と、動物を直接調べる方法、たとえば、ある刺激を与えて、その反応と地震前の動物異常行動の反応を比較する方法とが考えられます。

前者は動物に対して受動的で、後者は能動的なアプローチということもできます。

前者は第2章でお話しした4つの窓などの、統計的な検証を行なう必要があります。後者については、地震前と同じような動物の異常行動が再現できたとしても、異常行動を引き起こした刺激（たとえば電磁気やエアロゾル）が、地震前に発生したことの証明にはなりません。地震前に同様の「刺激」を観測する必要があります。

動物の観察による検証は、前述した東日本大震災前の漁獲異常のように、統計資料から行なう方法と、無作為抽出による統計的手法があります。統計的手法は、たとえば飼い犬ならば、ある地域の飼い犬を無作為に抽出し、地震前に異常があったかどうかを統計的に検証する方法です。これまでに見られる動物異常行動の研究は、インターネットなどで異常報告を集めるものが大半で、これでは無作為抽出にならないので、参考情報扱いです。また、通常は地震発生後に調査するので、その異常が本当に地震の前だけに見られる現象なのかがわかりません。

そのように言っても、現実的な無作為抽出は非常に困難です。また、地震後の調査では、飼い主のバイアスにより、異常行動を拾い上げてしまう恐れもあります。

こうした問題点を解決する方法として、地震が発生していない平常時からモニターを募り、定期的にペットの様子を報告してもらう方法が考えられます。これならば、地震という印象的な出来事が起こってからではなく、起こる前の情報で動物の異常行動を判断することができます。

しかしこれも、研究にご協力いただけるモニターを集めること自体が、困難なことであると想像できます。そこで、考えられる別の方法が、前述した統計資料の利用です。たとえば、各漁港の漁獲量などは客観的な数値です。宏観異常現象に用いることができる統計資料は、漁獲量以外にもあると思われます。こうした未利用の情報を活用すれば、研究がさらに進歩するのではないかと考えています。

●宏観異常現象の研究方法——木を見る目——

統計資料の活用は、未だに調べられていないデータが、日本中に散在しているでしょうから、今後の研究に大きな可能性があります。しかし、それだけでは見逃してしまう真実も、あるのではないかと考えています。計測機器の分解能（識別できる能力）が異なるように、動物でも、たとえば、馬よりは犬、猫よりはネズミなど、種《しゅ》による差があると考えられます。また、同種の動物、たとえば同じ柴犬であっても、個体差があることも考えられます。他の柴犬よりも嗅覚が敏感な柴犬もいれば、聴覚が鋭い柴犬もいるでしょう。

このような視点から、統計資料の活用とは別の研究方法として、種を選んで行なう研究や、個体差を考慮した研究が必要だと考えます。これは名前などをつけて、各個体を区別できる形にして観察を行ない、地震に敏感な個体で、地震との相関を見る方法です。または、例えば電磁気的な刺激に敏感な個体を選ぶなど、自らの仮説に則《のっと》って個体を選び、そのサンプルで地震との相関を見る方法です。漁獲量のような統計資料による研究は、ある集団の全体を見ているので、これは言わば「森を見る」方法であり、個体差を意識した研究は「木を見る」研究と言えるかもしれません。ただし、同一個体による観察は、動物の寿命という、避けられない問題があります。

個体を区別した観察ができたとしても、そもそも何をもって異常行動とするのかといった問題が未解決のままです。飼い主や観察者の主観で、それを決めているようでは、いつまで経っても懐疑派の人たちからは信用されません。では、どのような方法が良いのでしょうか。

近年はＩＴ技術の進歩により、数値化の技術も新たな段階に入ったと考えています。そのような試みをひとつ紹介します。私どもの地震予知研究センターでも、２０００年から10年弱、当時センターの研究員をしていた野田洋一《のだよういち》氏を中心に、ナマズの行動と刺激要素に関する研究を行なっていました。この研究では、画像解析ソフトを利用して、ナマズの行動パターンを分類することから始めました。まずは、地震とは関係なく、平常時にナマズがどのように行動しているのかを、はっきりさせようという試みです。平常時の姿がわかって、初めて何を異常とするかが判断できる、しかもそれを数値化して示そうとした点は、価値ある研究であったと思います。

●動物異常行動の研究に足りないもの

動物異常行動に関する研究は、いまだに地震の前に何があったかだけに、注目している場合が多いのが現実です。データの期間については、季節変化の影響を考慮するために、最低でも、対象とする地震の前２年間は必要です。これは、動物異常行動に限ったことではありませんが、1000年に一度、100年に一度の地震に対し、2年間でもあまりにも短いのに、ましてや、2カ月や2週間のデータだけで、地震の前兆を判断するなど、おこがましいことです。仮に、時系列データで統計的な有意性が示されたとしても、説得力がありません。また、対象とする地域にも注意が必要です。たとえば、北海道で起きた地震について、北海道の動物を調べるのではなく、関東地方の動物を対象とするなら、なぜそのようにするのかについて、納得のいく説明が必要になります。このようなことさえもクリアされないようでは、懐疑派の人たちを説得することは永遠に不可能でしょう。

異常現象の証言をやみくもに集めるやり方は、ノイズばかりを拾ってしまう可能性がある、と先に述べました。さらに、モニターを募る方法は、分母（全数）がはっきりしている点は良いのですが、最低でも三桁に乗るだけの協力者が集まるかが、問題です。また、宏観異常現象を信じる人が多く集まることで、バイアスのかかったデータになってしまうことも危惧《きぐ》されます。

そこで、筆者らが提案したいのは、思い切って地震の前兆を捉えようとする観測は、やめてしまうことです。この種の研究に必要なことのひとつは、観測を継続して行なうことですが、今までのやり方では、客観性のない、偏ったデータばかりを集めてしまう可能性があります。無作為抽出により近いデータを得るには、宏観異常現象とは無関係の観測データを用いるか、または、宏観異常現象とは異なる目的で、観測を行なう方法が良いのではないかと考えています。それにより、宏観異常現象の報告で、もっとも問題となるバイアスの影響が少ないデータを得ることができると考えられるからです。

●他の研究データにある事実からのアプローチ

２００８年5月12日、中国の四川省では、マグニチュード８・０の地震が発生しました。震源から約75㎞にあった研究所では、動物の体内時計の研究のため、昼夜暗闇の状態で8匹のマウスが、同時に飼育されていました。地震前後約20日間で、このマウスの行動量を調べたところ、地震の3日前から体内時計が狂っていたことがわかりました。また、日本でも阪神・淡路大震災の数日前から、やはりマウスの異常行動があったという報告があります。

四川地震の場合は、実験環境が一定の状態に保たれるようにコントロールされていた点と、行動の異常が数値化されていた点が注目に値します。地震予知研究のために新たに実験を行なうには、かなりの費用がかかってしまいますが、すでにある研究機関の協力が得られれば、動物異常行動の研究が、飛躍的に進歩するかもしれません。

地震の研究と直接関係のない研究者とコラボすることで、宏観異常現象の研究が進展する可能性は大きいと思います。

第6章

日本の地震予測研究の実情

●実は少ない！　予知研究の真の予算

東日本大震災以後、地震予知研究は批判の的《まと》となり、「多額の国家予算を長期間にわたって使っておきながら、ひとつも予知できていないじゃないか！」と、予知研究不要論まで出てきました。

ところが事実は違っていて、真の地震予知研究にあてられてきた国家予算は、さほど多くはありません。平成25年度の予算を使ってお話ししますと、文部科学省地震・防災研究課の当初予算は、約171億円でしたが、そのうち「予知」と名のつく研究は、大学が実施しているいわゆる〝地震予知研究計画〟のわずか4億円です（率にして2・3％でした）。

これには、火山噴火予知研究も含まれています。残りは、海底地震計の敷設や、首都圏での地震観測網の拡充、活断層調査などが中心です。それ以外にも、地震調査研究関連予算は、独立行政法人に対して支出されているのですが、予算書では「交付金の内数」という表現で、実際にどれくらい支出されているのか確認できないシステムとなっています。もちろん短期・直前予知研究には使われていません。

また、4億円ある大学の研究ですら、そのほとんどは地震観測や火山観測の維持・管理などで、真の意味で短期・直前予知研究にあてられた予算は、日本全体で年間1700万円たらずでした。率にすると地震・防災研究課の全体予算に対して、たったの0・1%です。

また、筆者（織原）個人のことを言うなら、五葉温泉などの現地調査は、この0・1%にも含まれていません。科学研究費補助金という、競争的資金に応募して獲得した、単年度の研究費です（約50万円）。地震流言や地震予知意識調査も、それぞれ別の年に獲得した、科学研究費補助金を使って実施されました。

つまり、予知反対論者が「これまで何千億円も使って、予知ができたことはない」ということをメディアで発信しますが、これは、事実誤認と言えます。ただし、ある段階までは、大蔵省（財務省）に予算要求する段階で、「これは予知に資する研究です」と言ってきたことも事実であり、阪神・淡路大震災の発生までは、〝予知〟は打ち出の小槌《こづち》であったことは、否《いな》めないと思います。ここは批判されてしかるべき所です。

●過去に一度だけあった大型プロジェクト

短期・直前予知研究にあてられている予算は、実際のところ、年間1700万円程度ですが、年間で億単位の予算がついたこともありました。阪神・淡路大震災の翌年、1996年秋から始まった、理化学研究所「地震国際フロンティア研究」です。これは、科学技術庁（当時）の主導による、五カ年計画の短期・直前地震予知研究プロジェクトで、電磁気学的な手法を中心とした研究が進められました。

第2章で紹介した、伊豆諸島の神津島や新島の地電位差観測は、この予算で行なわれました。プロジェクト終了の前には、異例ともいえる二度の外部評価を受けて、いずれも、「継続する価値あり」との回答でした。この評価をもとに、予算を減額して、研究を三カ年継続する方向でしたが、政治的な力が働いてか、研究は打ち切られました。

このプロジェクトでは、地震の危険性が高いと判断したところに、観測点を置きました。その中には、2014年9月27日に噴火した、御嶽山《おんたけ》のふもと長野県王滝村《おうたき》や、同年11月22日にマグニチュード6・7の地震が発生した長野県白馬村《はくば》にも、地電位差観測点がありました。仮に、観測が継続されていれば、15年程度のデータが蓄積されていたので、ノイズなどと区別できる先行異常変化があったかなかったかは、少なくとも言えたはずです。発生間隔が長い大きな地震の先行現象を研究するには、長期にわたって、観測を続けられることが重要になってきます。

●時間スケールによる予測の違いと、緊急地震速報

地震予測を、その時間的な長さから区別すると、長期、中期、そして短期に分けられます。皆さんも「○年以内に○○地方でマグニチュード7・0以上の地震が起きる確率が○○％」などの予測を、聞いたことがあるのではないかと思います。この○年が10年以上だと長期予測で、数年だと中期予測になります。こうした予測は、地方自治体の地域防災計画などに反映される情報になっています。また、先ほどお話しした「短期・直前予知研究」は、数カ月前から数日前に予知情報を出すための研究になります。

２００７年より開始された緊急地震速報は、これらの予知とはまったく異なるもの

です。予知や予測は地震が発生する前に行なわれるものです。一方、緊急地震速報は、地震発生後にITの力を利用して、できるだけ早く情報を伝えるシステムです。緊急地震速報は、前述の予知情報とまったくの別物と考えてください。

緊急地震速報は、地震が発生した後のP波（大きな揺れよりも速い波）を捉え、その後に来る、大きな波（揺れ）を予測します。震源が遠い場合は、大きな揺れが来るまでに、避難行動をとることが可能ですが、震源が近いと、間に合わないこともあります。また、同じ大きさの地震なら、震源が遠ければ、基本的に揺れは小さくなりますが、震源が近いと大きく揺れ、被害も大きくなります。緊急地震速報の減災効果は認められますが、それは限定的と考えたほうがよいでしょう。

●短期・直前予知研究から、短期・直前〝予測〟研究へ

予知や予測は、地震が発生する前に行なうものです。もし、短期・直前予知ができれば、逃げるタイミングと逃げる時間が確保されます。したがって、避難に時間を要する、高齢者などの生命を守ることに効果があるだけでなく、地震発生直後に津波が襲ってくる地域に暮らす住民の命を守ることもできます。

長期、中期予測は逃げる時間がタップリあっても、いつ避難すればいいのか、そのタイミングがわかりません。しかし、建物を耐震化するなど、地震が起きたときの災害を減らす（減災）ことについては、有効な情報になります。生命を守るといった点で、短期・直前予知と長・中期予測では別次元の話になります。

生命を直接的に守るといった点で、短期・直前予知研究こそ、地震予測研究の本命と言えます。しかし、時間・場所・規模の三要素を１００％の確率で示す決定論的な予知は、少なくとも現時点ではきわめて困難なのも事実です。将来的には、決定論的な予知も可能となる日がくると、筆者らは考えていますが、まずは確率論的な研究で、その予測精度を高めていくことです。研究者には、不確実な予測情報であっても、それを防災・減災に役立てるために、予測研究に関する理解を社会に浸透させる努力が求められます。

●後予知《あとよち》批判の背景

筆者らによる、東日本大震災前の地下水異常に関する研究が、2015年3月19日付の毎日新聞朝刊（全国版）で紹介されました。この記事は、ヤフーニュースやグーグルニュースでも取り上げられ、一時トップニュース扱いもされました。

ヤフーニュースには、記事に対して読者がコメントを書く欄があります。ここで言われていたことのひとつに、後予知に関するものがありました。後予知とは、地震が起きた後に「実は地震前にこんな異常があった」と、後になって言うことです。後述する東日本大震災の先行現象に関する研究結果は、すべてこの後予知です。

地震が起きた後に、先行現象について研究成果を公表すると、後出しジャンケンなどと揶揄《やゆ》されることがあります。研究者の中にも、予測研究は前もって情報を公表することこそ重要！　と考えている人がいます。しかし、その予測情報が、どの程度確からしいのかもはっきりしない段階で公表することは、少なくとも現時点ではさまざまな問題があると筆者は考えています。

後予知と批判される理由のひとつに、東日本大震災すら予知できなかった予知研究の現実があると考えます。ところが、国が予知できると考えているのは、東海地震だけです。首相が警戒宣言を出すことができることを定めた大規模地震対策特別措置法は、東海地震のみを対象としています。後予知批判の背景には、東海地震以外でも予知できるという、事実誤認が世間に広まったことが考えられます。

もうひとつ、現在はかなり状況が違ってきていますが、東海地震は１００％予知できるという幻想、言い換えれば、決定論的に地震は予知できるという考えが、すでに世間に広まっていたことが考えられます。その際、「東海地震であれば」という前提がなくなり、世間的には、被害が発生するような大地震すべてが対象になってしまったのではないかと思われます。

●後予知批判を受け止めて

今では、「東海地震は１００％予知できる」と、真剣に考えている研究者はまずいません。「プレスリップが陸側で十分な先行時間をもって発生したなら」など、できるとしても、それは条件付きです。

より小さな地震まで観測できるようになった結果です。今では、毎日400個ほどの地震が観測されており、その99％は体に感じないような小さな地震です。Hi－netの展開により、日本の地震観測の精度は、世界最高レベルになりました。

東海大学では、これらの地震データから、現在の地下の状況（地震活動の推移）を可視化して表現する方法を考案しました。いわば、天気予報における天気概況に相当する情報を、提供できるようになったのです。われわれはこれを**地下天気図**と名付けました。その結果、大地震の前には、ある特徴的なパターンが出現する可能性の高いことがわかってきました。

●東海大学で開発された新しい予測アルゴリズム

大地震の前に地震が減る（静穏化）、または逆に増える（活性化）といったように、地震活動がそれまでと変わってくる可能性は、昔から指摘されていました。特に、静穏化現象は顕著な前兆現象として研究されてきました。しかし、解析する範囲やマグニチュードなどの条件に、結果が大きく左右されてしまうという難しさがありまし

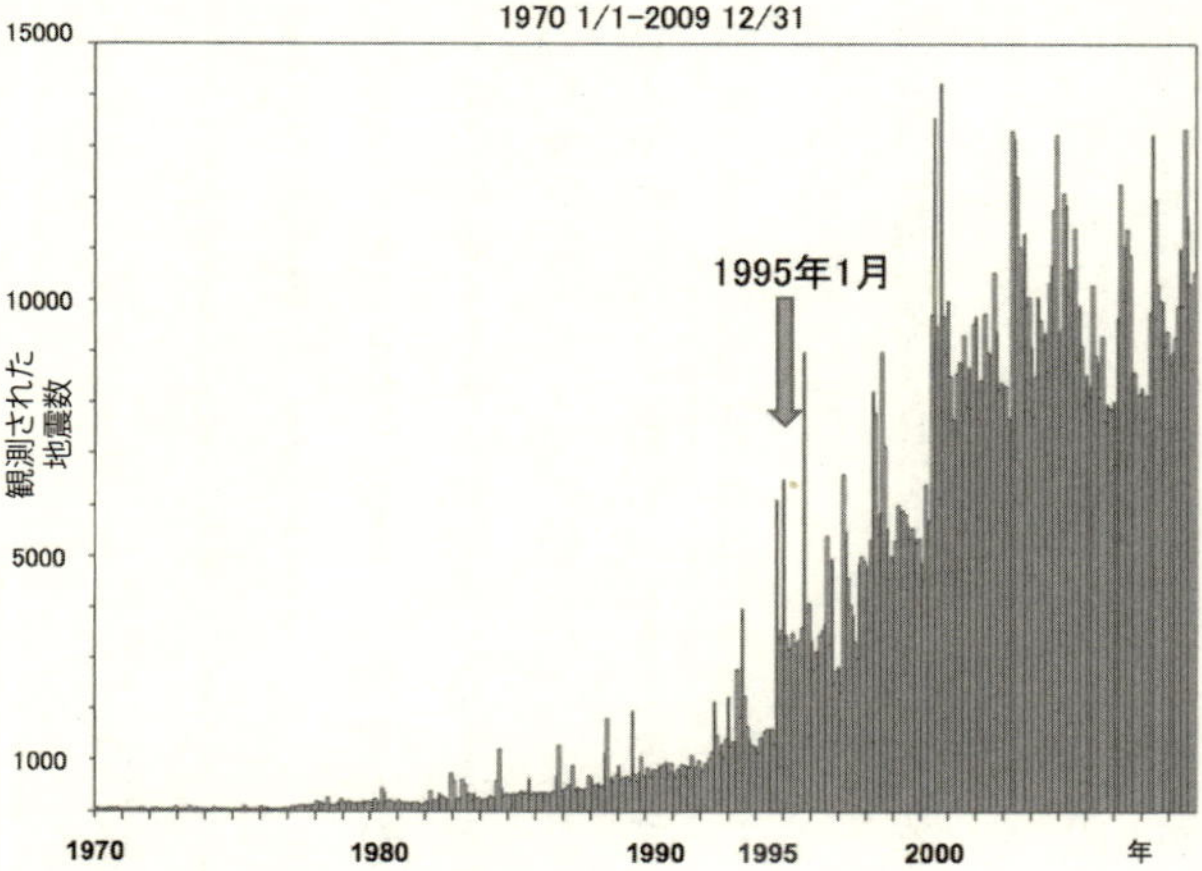

図 6-1　地震検知数の変化（1970 年から 2009 年まで）

た。

こうした条件の影響をなるべく抑えつつ、静穏化や活性化を際立《きわだ》たせる方法として筆者らが開発したのがＲＴＭ法です。Ｒは距離（region）、Ｔは時間（time）、そしてＭは地震の大きさ（magnitude）を表わしています。

ＲＴＭは３つの値の積として定義され、過去一定期間内の地震活動の推移を示す指標となります。解析対象地点の近くで大きな地震が発生すると、ＲＴＭの値が大きくなり、地震活動度が静穏化すると、ＲＴＭの値は小さくなります。また、異常がないときは０となります。ＲＴＭの値は３つの値の積を計算しているため、そのひとつが正常ならば、他が異常であっても結果はゼロとなります。したがって、多くの期間はゼロ近辺の値を示すという特徴があります。

図６－２は多くの事例解析に基づく、ＲＴＭ値の時系列変化の理想的な場合を模式化した図です。ゼロ周辺を推移していた値があるときからマイナスとなり（静穏化）、ピークを迎え回復に転じ（相対的に活性化）、それがゼロ周辺に戻ったのちに地震が発生します。この図からは、地震が発生するおおよその時間が、数カ月程度の精度で推

定されます。発生場所は静穏化となったエリア周辺で発生することが多く、県単位から関東地方などのブロック単位程度での推定になります。マグニチュードは静穏化が1年位続くと、7クラスの地震が起きると考えています。

では、次に具体的な解析結果を紹介したいと思います。

兵庫県南部地震（阪神・淡路大震災）の場合

兵庫県南部地震は1995年1月17日の午前5時46分、淡路島北部の野島《のじま》断層付近を震源に発生したマグニチュード7・3（震源の深さ約16km）の地震です。神戸《こうべ》市須磨《すま》区などでは震度7を記録しました。

図6-3aで濃い灰色となった部分が、地震発生前の空間的な静穏化を示しています。静穏化を示したエリアの端が震源になっています。図6-3bは、地震発生前の約10年間の時系列変化を示しています。地震発生の約10カ月前から静穏化が始まり、いったん収束に向かったものの、ふたたび静穏化に転じ、その後収束して地震発生に至っています。

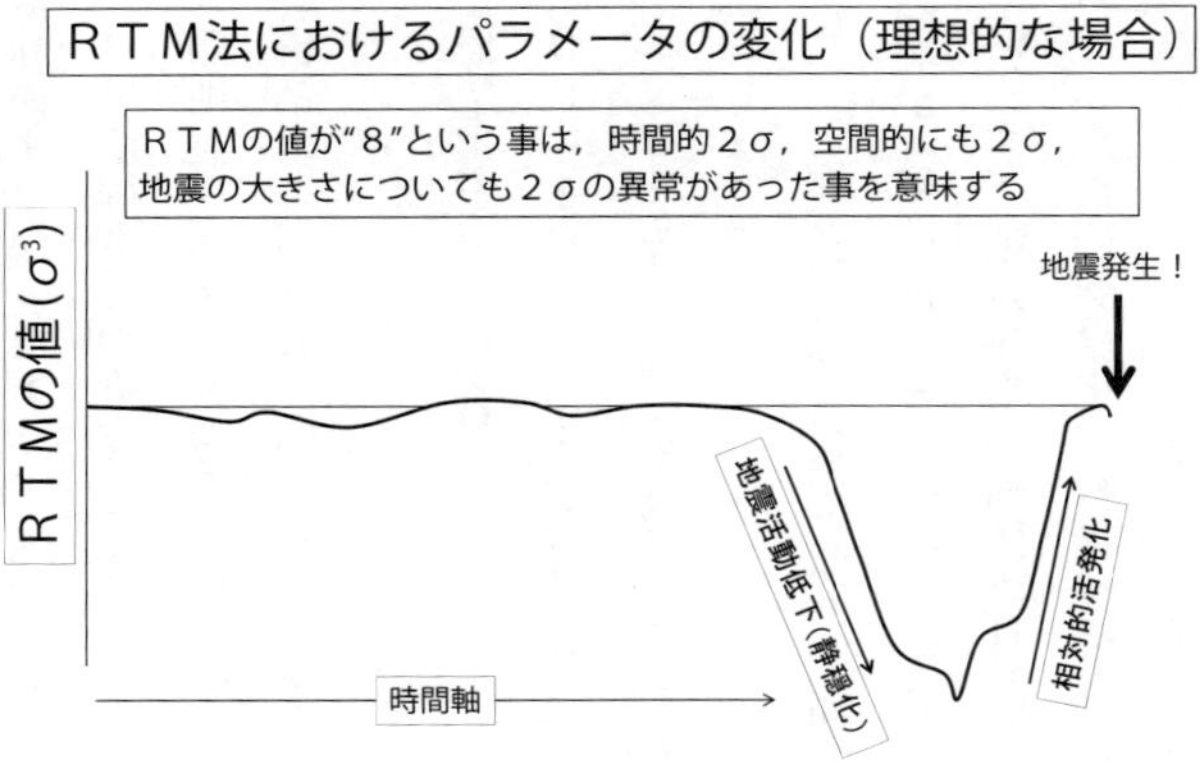

図 6–2　理想的な場合の RTM 値の時系列変化

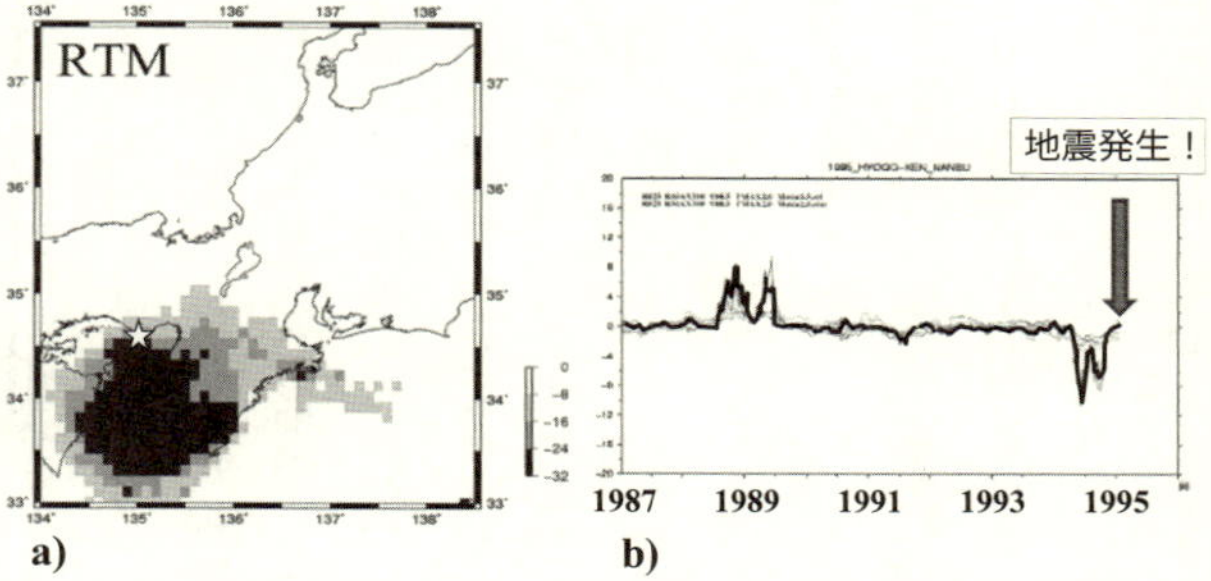

a）地震活動静穏化が進んでいた領域　b）地震前約 10 年間の RTM 値の時系列変化

図 6-3　兵庫県南部地震の RTM 法による解析

東北地方太平洋沖地震（東日本大震災）の場合

２０１１年3月11日午後2時46分、１０００年に一度と言われるような巨大地震が東北地方の太平洋沖で発生しました。地震の規模を表わすマグニチュードは９・０（深さ約23km）、日本で観測された史上最大の地震となりました。

東北地方太平洋沖地震は兵庫県南部地震に比べ、そのエネルギーが１０００倍近く大きな地震です。そこで、この地震については、解析範囲を日本だけに留まらず、米国地質調査所の地震カタログを用いて、北はカムチャッカから南はフィリピン、グアムまで拡大し、さらに過去40年間のデータをすべて使用してみたところ、震源域を含む広範囲の静穏化が見えてきました（図6―4a）。図6―4bはその時系列です。

このような静穏化は、過去40年でこれだけでした。しかし、静穏化が収束してから地震発生まで、およそ5年かかっています。東北沖でマグニチュード9クラスの地震が発生するのは、およそ１０００年に1回程度であろうという調査結果があります。前回の東日本大震災とも考えられる紀元８６９年の貞観の地震から、およそ１１００年が経過しています。今回の異常は、東日本大震災の10年前から5年前程度に出現し

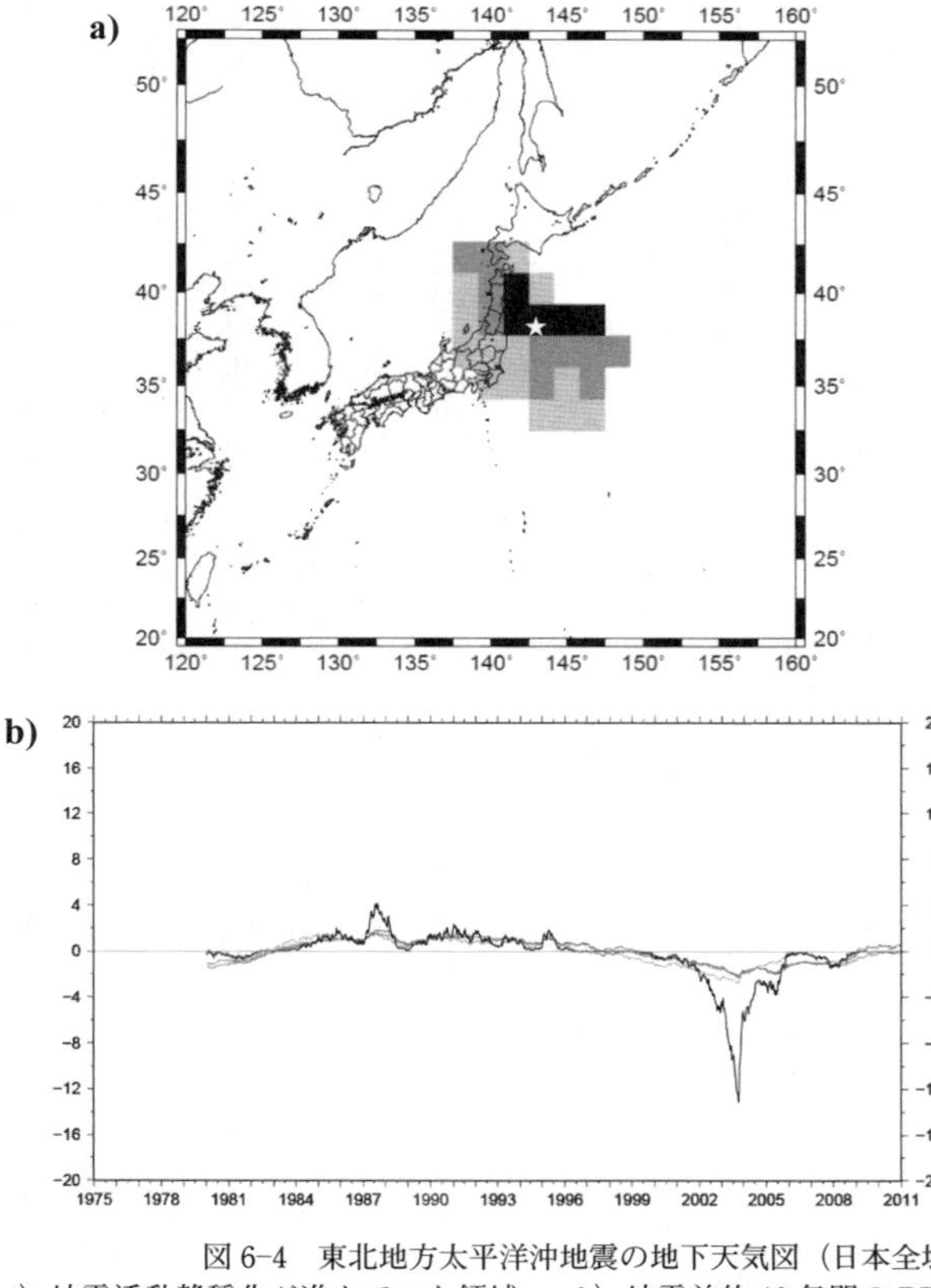

図 6-4　東北地方太平洋沖地震の地下天気図（日本全域）
a）地震活動静穏化が進んでいた領域　　b）地震前約 40 年間の RTM 値の時系列変化

ています。地震の再来間隔を1000年としても、その99%の時間が経過した段階でこのような異常が出現したわけです。10年というとたしかに誤差が大きすぎますが、実は破壊までの残された時間は、再来間隔の1%の精度であったのです。

RTM法は前兆現象抽出に有力な方法であることは確信していますが、マグニチュード9クラスの地震では、その発生時期の推定に、5年から10年という大きな誤差がまだ生じてしまいます。そのために東海大学では、地下天気図だけでなく、電磁気学的手法や地下水などの、多角的な情報を重ね合わせて異常を抽出していくことが、実用的な予測実現への王道だと考えています。

1995年の阪神・淡路大震災から、2011年東北地方太平洋沖地震までのマグニチュード6・5以上の主な被害地震13個について、このRTM法による解析を行なったところ、明瞭《めいりよう》な前兆的静穏化が確認できた地震は8個でした。また、静穏化は抽出できたものの、どこでどれくらいの地震が発生したという先見情報があったために、異常が抽出できたもの4個（△）、静穏化が確認できなかった地震が1個となりました（表6-1）。

発生年月日	マグニチュード	地震名／震災名	静穏化の有無
1995年1月17日	7.3	阪神・淡路大震災	○
2000年6月-8月	6.0-6.5	伊豆諸島三宅島噴火	×
2000年10月6日	7.3	鳥取県西部地震	○
2003年9月26日	8.0	十勝沖地震	○
2004年9月5日	7.4	紀伊半島沖地震	△
2004年10月23日	6.8	新潟県中越地震	○
2005年3月20日	7.0	福岡県西方沖地震	△
2005年8月16日	7.2	宮城県沖地震	○
2007年3月25日	6.9	能登半島地震	○
2007年7月16日	6.8	新潟県中越沖地震	△
2008年6月14日	7.2	岩手・宮城内陸地震	○
2009年8月11日	6.5	駿河湾の地震	△
2011年3月11日	9.0	東日本大震災	○

表6-1　主な地震とRTM法による前兆的静穏化の有無

●地下天気図の将来

地下天気図は、地震活動の状況（静穏化や活性化）を示すものです。将来的には天気予報のように、「〇〇地方は〇ヵ月前から始まった静穏化が収束に向かっています。このまま収束した場合、〇年〇月から〇ヵ月の間にマグニチュード〇程度の地震が発生する確率は〇%と予想されます。その他の地域については、静穏化は見られませんので、同じ期間に同程度の地震が発生する確率は、ほぼ0%です」といったような情報が発信できることを目指しています。しかし、これまでの紹介した事例からもわかるように、克服すべき課題が残っています。

RTM法は、たとえばb値などのこれまでの地震活動度の評価手法に比べて、解析に使う領域をどこまで考えるとか、解析期間範囲などのパラメータ依存性が少ないという特長がありました。しかし、東北地方太平洋沖地震（東日本大震災）の解析例で示したように、パラメータ依存性が完全になくなるわけではありません。これは解析範囲の大きさをいろいろ変えることによって対応できると考えています。また、静穏化収束後いつ地震が発生する確率がもっとも高くなるのか、地震の規模（マグニチュード）はどの程度の範囲で予測できるのかなどについては、まだはっきりとしたことは言えません。

大きな地震ほど、発生する頻度は低くなります。日本周辺でマグニチュード６・５程度以上の地震は、東日本大震災の余震などを除いて考えると、１年間で２、３個です。経験的に先ほど述べたような課題を解決するには、かなりの時間を要してしまいます。そこで、地震活動モデルのシミュレーションを行なって、擬似的に経験を積むといったことも考えて、予測精度の向上に努めていきたいと考えています。

第７章

馬鹿にできない地震発生のうわさ

●地震流言《じしんりゅうげん》

本章では、地震予知に関する情報の中でも、はじめからニセ情報であることが自明である「地震発生のうわさ」について話をします。実は、単なるうわさと馬鹿にできない側面があるのです。

地震発生のうわさは、地震流言《じしんりゅうげん》と呼ばれることがあります。うわさと流言の違いについて、うわさはある個人が属するグループ、たとえばある会社内にだけ通じるような話で、特定の人の間にだけ広まります。一方、流言はこのようなグループを超えて、不特定多数の人に広まる話になります。

インターネットで地震予知関連のサイトを見ていると、地震発生を予言する書き込みは、毎日どこかで目にすることができます。もちろん、予言が当たることは皆無ですが、これらの予言が、地震流言となって世間に広まることはほとんどありません。では、どのようなときに地震流言は発生するのでしょうか。まずは、2008年に山形県で起きた地震流言を見てみましょう。

●2008年の山形地震流言

うわさの概要

「2008年6月に山形で大地震が発生する」といったうわさが、同年の5月下旬頃から広まりました。インターネットで、このうわさを扱ったブログや掲示板を調べたところ、2008年7月から約2カ月間の調査で、およそ200サイトを確認することができました。もっとも早い書き込み日は5月29日でした。

確認できた195のブログにある地震発生予定日、場所、地震の規模、そしてうわさの出所を分類すると、地震発生日は6月25日がもっとも多く、全体の約6割、場所は山形県内（約7割）、規模は大地震（約5割）でした。また、うわさの出所は、記載なしがもっとも多く、全体の約3割、次いで、当時TV番組などにも出ていたブラジル人の自称予言者ジュセリーノ氏が約2割でした。

書き込みの中には、少数ですが、現実にはない震度7強や震度8といった表現が使われていたサイトがありました。また、書き込み日を調べると、岩手・宮城内陸地震

（2008年6月14日、M7・2）や、県内の有感地震発生直後に、多くの書き込みがなされる傾向が見られました。

うわさの成就日（地震発生予定日）は6月25日で、岩手・宮城内陸地震が6月14日ですから、通常の地震予知情報で考えれば、時間も場所も、そして規模も誤差の範囲内で、予知成功と判断されるでしょう。岩手・宮城内陸地震に言及していたブログは全体の約3割ありましたが、これをうわさの地震かもしれないとしていたブログは、そのうちの2割程度でした。さらに大きな地震を期待？していた人もいました。6月14日は、このうわさの成就日より前だったため、「さらに悪いことが起きる」といった心理が働いていたことが推測されます。こうした地震再来のうわさは、1923年の関東大震災でもありました。

中高生の95％超が知っていた

この地震流言に関する調査は、第4章でお話しした地震予知の意識調査とともに、山形県内の中高生2840名を対象に行なわれました。調査は、うわさが広まった2

008年6月から約半年後に実施されましたが、その認知度は、95%を超えていました。また、地域により多少の違いはあったものの、県内4地方すべてで、90%を超えていたことから、うわさは県内全域に広まっていたと考えられます。

では、このうわさをどこで知ったのでしょうか。入手先としてもっとも多かったのは、「友人」の約61%でした。また、このうわさをネットやケータイを使って調べた生徒は、うわさを知っていた生徒の約23%でしたが、ネットやケータイの掲示板などへの書き込みをした生徒は2%だけでした。次に、うわさを誰かに話した生徒は約50%で、「話したと思う」と答えた生徒を合わせると、80%近くの生徒が自らもうわさを広めていたことになりました。

うわさの伝播《でんぱ》について、山形新聞の記者に話をうかがったところ、仲良しグループやサークルなどのある集団内で話題になり、次に、それぞれの構成員が、今度は他の集団で話をして広まっていったようである、とのことでした。それが山形県全域にまで広がった理由としては、インターネット上の情報も考慮すると、携帯メールを含めたネットの関与が考えられます。

しかし、先ほど示した中高生への調査結果では、「口コミ」を基本とした人から人への伝播がもっとも大きなウエイトを占めており、少なくとも、２００８年の山形地震流言では、ネット社会といわれる現代においても、うわさの伝達手段として「口コミ」は、大きな役割を果たしていたことになります。

地震が来る！　と半数以上が信じていた

この調査では、地震流言が与えた中高生への影響を調べるために、「うわさを聞いて地震に対する備えをしたか」と、「うわさを聞いて地震が本当に来るかもしれないと思ったか」について尋ねています。その結果、何らかの備えをした生徒は約22％と、５人に１人の生徒が、地震流言に対して敏感に反応していました。

また、うわさの地震が「来ると信じていた」生徒は約11％で、「もしかしたら来るかもしれない」とあわせると約54％、半分以上の生徒が、この地震流言に対して少なからず不安を抱いていたことがわかりました。表立って騒いでいなくても、内心は不安を抱いていたということのようです。

男女別の回答結果でも、違いが見られました。うわさの認知度、誰かに話した割合、何らかの備えをした割合、そして、うわさの地震が来るかもしれないと思った割合、いずれも女子生徒のほうが高い割合となりました。

これらの設問のうち、うわさの認知度と誰かに話した割合の2つは、「うわさに対する関心度」を示すものと言えます。また、何らかの備えをした割合と、うわさの地震が来るかもしれないと思った割合は、「うわさの信じやすさ」を示していると考えられます。

これらを中学男子、中学女子、高校男子、高校女子に分けてそれぞれの割合を比較すると図7−1と図7−2のようになります。男子よりも女子のほうがうわさに対する関心が高く、うわさを信じやすい傾向にあることがわかります。女性のほうがうわさを信じやすいとする傾向は、平成7年に当時の総理府が実施した「地震に関する世論調査」でも、同様の結果が示されています。

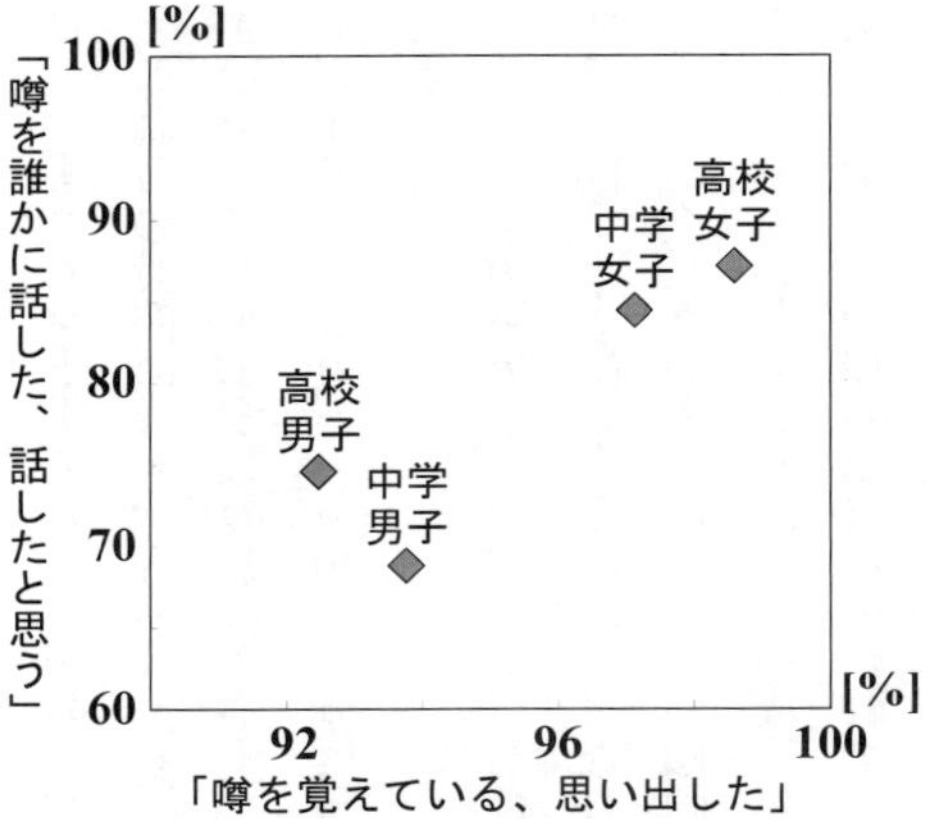

図 7-1　うわさに対する関心度

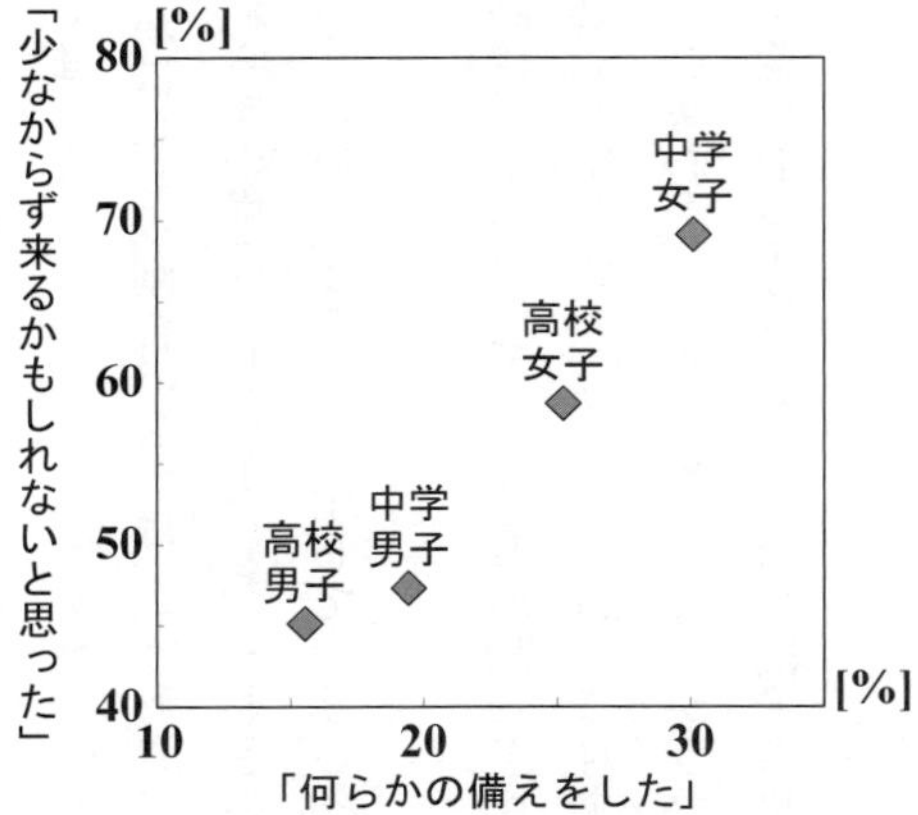

図 7-2　うわさの信じやすさ

中高教員の認識と対応

アンケート調査は、中学校と高等学校の教員に対しても実施されました。これは、地震流言に対する生徒と教員の認識の違いなどを探るためです。中学校教員150名と、高等学校教員416名に、ご協力いただくことができました。

まず、うわさの存在を認識していた教員は、中学校が約87%で高校が約78%でした。いずれも生徒よりは低い割合でした。次に、このうわさをどこで知ったかについては、生徒から知ったとする割合がもっとも高く、いずれも5割程度でした。

うわさの出所やその真偽を調べた教員は、どの程度いたのでしょうか。中学校ではうわさを認識していた教員の約19%、高校では約14%が、インターネットで検索していました。生徒から質問された割合は、中学校で約76%、高校で約58%でした。また、質問されての対応で多かった回答（選択肢）は、「騒がないよう諭《さと》した」と「備えだけはしておくようにいった」でした。

最後に、「生徒の不安を煽《あお》るような噂に対して、教師はどのような対応をとるべきか」について、自由記述で質問しました。その回答内容は多岐にわたっていましたが、生徒に対しても自らについても、「冷静に対応すべき」といった趣旨の意見がもっとも多く見られました。また、このうわさについて、「生徒はうそだとわかっていた」とする教員がいる一方で、「生徒が動揺していた」との意見もあり、生徒の認識には大きな違いがあったようです。

市町村（行政）の認識と対応

山形県内全35市町村（当時）を対象に行なったアンケート調査では、31市町村から回答をいただきました。うわさの認知度は約90％でした。うわさの出所や真偽に対する調査は、半数以上で行なっていましたが、何もしなかったところも11市町村ありました。

万が一に備えた準備については、3つの市町村で「あり」と回答しました。その内容は「災害時マニュアル等の確認」、「初動の確認」、「25日前後は何時でも出勤できるよう遠出をさけた」と、いずれも防災担当職員個人のことで、行政組織として準備行動をとるまではありませんでした。

このうわさについて、住民からの問い合わせはあったのでしょうか。７つの市町村（約23％）で問い合わせがあり、もっとも多い件数が10件でした。問い合わせの数は、特別多いわけではありませんが、何かあったときの問い合わせ先として、市町村の窓口は住民にとって身近なもののようです。

影響は小学校でも

小学生へのアンケート調査は、年齢的に難しいので、学校単位で調査を行ないました。県内の17校にご協力をいただきました。

このうわさの存在を認識していた学校は15校（約88％）で、そのうち11校では、うわさが児童の間に広まっていたことを確認していました。うわさは高学年ほど広まっていましたが、これは、うわさが外部からもたらされる機会の違いや、うわさそのものを理解できるかといったことが、関係していたと考えられます。

この地震流言の対応については、会議などを開いた学校はありませんでした。しかし、児童への説明を行なった学校は３校ありました。その中で、地震が発生するとされたときに、行事が予定されていた学年については、発生した場合に備えた準備をしたとする学校が1校ありました。また、教職員会議の話題までにはならなかったものの、学年レベルでは教員同士の意思疎通がありました。

教育委員会からの通達については、2校で「あった」と回答しました。この2校は同一の市町村だったので、教育委員会が対応していた市町村があったということになります。

山形地震流言は、県内全域に広がっていただけでなく、小学生から大人まで幅色い年齢層に広がっていたと考えられます。また、中高生の5人に1人が何らかの備えの行動をとり、2人に1人がうわさの地震が来るかもしれないと不安を感じていました。

さらに、小学校や行政（市町村）でも、少数ですが、何らかの備えをとっていました。このように、地震流言は「たかがうわさ」では済まされない側面もありますが、地震が発生せず過ぎてしまえば、何もなかったかのように忘れ去られてしまいます。

●日本各地で確認された地震流言

岡崎《おかざき》市では防災グッズが売れる

2008年には、山形県以外でも地震流言が発生しています。愛知県岡崎市では「9月13日に大地震」といったうわさが広まり、地元メディアもその騒動を取り上げました。

山形県では、うわさの出所がはっきりしませんでしたが、岡崎市でははっきりしています。それは、当時日本で話題となっていた、ブラジル人の自称予言者ジュセリーノ氏です。また、地元紙によると、このうわさは岡崎市だけでなく、隣接する愛知県東三河《ひがしみかわ》地方にも広がっていました。岡崎市内のホームセンターでは、防災グッズが品薄になったと言います。

岡崎市については、市の防災担当に聞き取り調査を行ないました。市としては防災グッズの売れ行きを数字で把握していないものの、行政が何度言っても進まなかった防災対策が、一気に進んだ感があるとのことでした。

この地震流言は岡崎市議会の一般質問でも取り上げられました。また、地盤の弱い地域に住む住民の中には、９月12日と13日に、わざわざホテルに宿泊した人もいたとのことでした。さらに、高齢者の方で、かなり真剣に対策を訴える問い合わせもあったとのことで、地域限定の社会現象にまで発展した事例と言えるでしょう。

富山《とやま》市ではテレビで注意喚起

９月13日に大地震の流言は、前年の２００７年にも発生しています。場所は富山市です。このうわさでは、科学的根拠のないデマだと生徒に呼びかけるようにと、県教育委員会が前日の12日に各学校へ伝えています。

北日本放送（ＫＮＢ）に話を伺ったところ、県教育委員会の動きは、12日夕方のニュースで報道したとのことでした。地震流言を扱った報道は、あったとしても、普通は事後（発生予定日の後）です。しかし、このケースでは事前報道がなされました。県教育委員会の対応を報道して、デマであることを呼びかける狙いがあったようです。

この富山市の事例は、「富山県内の大学の地学研究センター」という実在しない団体からのメールが発端で、「できるだけ多くの人に回してください」というチェーンメールにより広まったと考えられます。

福岡《ふくおか》市は地震再来流言

2005年には、福岡市で地震再来流言が確認されています。地震再来流言は大地震発生の後に、「さらに（また）大きな地震が来る」といった、大地震再来のうわさです。2005年3月20日には、最大震度6弱の福岡西方《せいほう》沖地震（マグニチュード7・0）が発生しています。このうわさは、4月20日の最大余震の後に拡大していったと考えられています。

うわさの内容は、「大きな地震が起こる」、「震度7の地震が起こる」といったものから、日時が加わった「（4月）27日午前2時頃に震度7の地震が起こる」といったものまでありました。

また、「自衛隊が地震に備えて緊急態勢を敷いた」、「大学の先生が講義で地震を予知した」などもありました。日時は「27日午前2時」の他に、「25日14時」「25日16時」などがあり、震度については「震度7弱」といった実在しないものがありました。情報はインターネット上にも出回りましたが、ほとんどは友人や人づてだったようです。これは山形の事例と同じです。

地元の福岡管区気象台によりますと、このうわさに関する問い合わせは、最大余震の4月20日後から増えはじめ、4月25日、26日がピークで、100件単位の問い合わせがあったとのことでした。ホテルに避難する住民がいたことや、県教育委員会が各学校に指導したことなどは、富山市の事例に共通しています。

秋田《あき た》市ではミネラルウォーターが売れる

2004年の暮れには、秋田市で地震流言が発生しています。うわさの内容は「12月4日、秋田県で震度8の地震が起きる」といったもので、うわさの出所は、当時人気があった女性占い師の細木数子氏とされていました。しかし、細木氏がそのような予言をした記録はありません。

この地震流言については、うわさを報道した秋田魁《さきがけ》新報《しんぽう》に取材しました。秋田市内のコンビニエンスストアでは、地震発生予定日前日の12月3日夕方から、ミネラルウォーターが売れ出し、その量は通常の1・5倍以上だったとのことです。売れた原因としては、インターネットの掲示板などで、「水がなくなる」といった書き込みがあり、その影響と考えられました。また、このうわさは秋田市内の10代を中心に広まったとのことでした。

●地震流言に共通しているもの

「○月○日に○○で大地震が発生する」といったデマは、インターネット上で毎日見受けられます。しかし、流言化するデマはごく少数です。本章では、2008年の山形の事例をはじめ、2000年代の主《おも》だった地震流言を紹介しましたが、これらにはいくつかの共通項があります。

まず、うわさの内容から見ていきましょう。地震予測情報の基本となる三要素は、いつ（時間）、どこで（場所）、どの程度の大きさ（規模：マグニチュードや震度）です。

現在の科学では、これら3つを正確に示すことはできないというのが常識です。とりわけ、いつ（時間）はもっとも難しい要素です。東海地震や南海地震などは、すでに場所と規模がおおよそ予測されていますが、いつ起こるのかはもっとも曖昧です。

ところが、地震流言では「いつ」が明確に示されています。場合によっては、月日だけでなく、時分まで指定されていることもあります。地震に関する正しい知識があれば、この時点でウソであることの証《あかし》になるのですが、地震流言ではむしろ、信憑《しんぴょう》性を増す要素になっています。「どの程度の大きさ」については、少数ではありますが、「震度8」や「震度7弱」といった実在しない表現が使われることがありました。これもデマであることの証です。

うわさの出所については、山形の事例のように、特定できない場合もありますが、特定されている場合は、その当時話題となっていた占い師や、予言者と呼ばれる人などをはじめ、もっともらしい〝権威〟が利用されることが多いです。岡崎市の場合は、自称予言者のジュセリーノ氏、富山市では富山県内大学の地学研究センター（これは実在しません）、福岡市ではある大学の教員、秋田市では細木数子氏（実際は関係ありません）です。うわさが広まる中心の世代は、小中高生といった未成年者です。流布エリアは地震発生場所が中心で、ひとつまたは2、3の市町村に集中しています。山形のように全県レベルで広まることはまれです。

●うわさが流言化する背景

次に、うわさが流言になる背景について考察してみます。山形の事例では、前年の2007年に、地震調査研究推進本部地震調査委員会によって、山形盆地断層帯の長期評価が一部見直されています。山形県では県内を震源とする地震で、人的被害を及ぼした地震は、1894年の庄内《しょうない》地震（マグニチュード7・0）以降ありませんでした。一方、隣接する宮城県や秋田県、新潟県では、近年も被害地震が多発しており、山形県では地震空白域的な意識があったと考えられます。また、村山《むらやま》地方では、2008年5月末から6月初旬にかけて、微小地震が発生していました。

山形盆地断層帯の長期評価見直しや、頻発した微小地震は、住民の地震に対する関心（不安）を高めた出来事ということができます。住民の地震への関心を高めた出来事は、他の事例でも確認できます。岡崎市では自称予言者を取り上げた週刊誌やテレビ番組、富山市では市内を走る呉羽《くれは》山断層に関するテレビ番組です。

地震流言の共通項は、①発生日時は月日まで指定し、場合によっては時刻まで指定、②うわさの出所はもっともらしい権威を利用、③不安を助長するような出来事の存在、が挙げられます。言い換えれば、これらはうわさが流言化するための条件です。ただし、3つの条件がそろえば、必ず流言化するわけではありません。

●東日本大震災後にあった地震流言

東日本大震災の翌年にも、地震流言がありました。そのうわさは「1月25日に大地震が発生する」というもので、その出所は日本最大の電子掲示板サイト〝2ちゃんねる〟への書き込みだったと考えられます。

始まりは、3日前の1月22日に立ち上がった「友達が予知夢を見た」というスレッドと考えられます。スレッドとは、各掲示板の中で区切られている話題の単位です。この友人は、東日本大震災の直前にも福島原発事故の夢を見たとされ、今回は1月25

日に発生した東海大地震の影響で、大規模な停電が起きる夢を見たとのことでした。

また、この予言が話題になっているということは、複数のWebメディアサイトでも紹介されましたが、大地震は発生しなかったため急速に鎮静化しました。

「1月25日地震発生予言」が流布した背景を調べてみますと、1月23日には、東京大学地震研究所の研究チームによる、マグニチュード7クラスの首都圏直下地震の発生確率、4年以内70%、とする試算が報道されました。また、その年に入ってから、東京湾などでクジラが打ち上がったことや、大規模な太陽フレアの発生もありました。さらに、1月25日午前8時過ぎには、NTTドコモ携帯電話の通信障害が発生しました。

これらの出来事は、うわさが流言化する必要条件の③「不安を助長するような出来事の存在」に相当します。また、このうわさは、東日本大震災の直前に、福島原発事故の夢をみた友人の夢が根拠とされています。これは、②「うわさの出所はもっともらしい権威を利用」に当てはまります。そして、1月25日と、発生日時は月日まで指定しており、このうわさは、流言化するための3つの条件すべてを満たしていました。

●防災教本での啓発

大地震が発生すると、その後に必ずといっていいほど、さらなる大地震のうわさが発生します。これは、大地震が発生した地域では大地震再来のうわさで、離れた地域では次に来る大地震のうわさです。しかし、これらは過去の事例が示しているように、すべてデマです。

人は悪い出来事にあうと、さらに悪い出来事が起きるのではないかと、思ってしまう心理が働くようです。このような心理によって、さらなる大地震のうわさ（地震流言）が生まれてくると考えられます。

大地震のあとには、余震があることについての正しい知識とともに、デマの流布（地震流言）について、事前の予防が必要だと考えます。各家庭や児童・生徒に配布される防災教本のたぐいに、大地震のあとのデマについてもひと言、触れておくことをお願いしたいところです。

第8章

信頼される地震予測研究と社会

●空振りはOKでいいのか？

予測の空振りは天気予報でもあります。たとえば、台風の進路がずれたとき、多くの人は「直撃しなくて良かった」と思うでしょう。しかし、「今日は傘の出番はありません」と言われて雨に降られたなら、逆に怒るかもしれません。人は災害や不幸な出来事など、起こってほしくないことについては、予測の空振りに寛容である傾向が見られます。

ある計測データを根拠にした、一見科学的に見える民間の地震予測情報は、人命を救いたいという使命感から、行なわれているものが多いと筆者は考えています。100%ではないが、その可能性に賭《か》ける思いは、けっして非難されるものではありません。しかし、実はこの「使命感」が仇《あだ》になることがあります。人の命を救うためなら、見逃しはダメだが、空振りはいいだろう、実際このような考えに基づいて、予測情報を発信している研究者もいます。

空振りOKの考え方に筆者は否定的です。なぜなら、その姿勢は予言者と同じだからです。ブラジル人の自称予言者のジュセリーノ氏は、2008年9月13日に東海地方で大地震が発生すると予言し、見事にはずしました。その後に発した言葉が「地震が起きなかったことはハッピーなことだ」でした。

地震が起きれば大変だけど、起きなかったことはみんなにとって良かったこと。予測情報の空振りをOKとする姿勢は、まさにこの予言者と一緒です。これでは科学者ではなく、ニセ予言者です。

●予言から地震予測情報を考える

信州大学の菊池《きくち》聡《さとし》氏によれば、予言を適中させる方法は、以下に集約することができます。①数多くの予言をする。②曖昧で多様に解釈できる予言をする。さらに、先ほどの天気予報の例でお話ししたように、良いことを言ってはずれると世間は冷たいですが、悪いことを言ってはずれても、見逃してもらえます。その心理を利用した、③悪いことを予言する、です。

この3つを地震予測情報に当てはめると、①数多くの予測情報が出されている、②予測がしばしば変更されたり、場合分けが多かったりする、③地震はそもそも起きてほしくない悪いこと、になります。予測がたくさん出されれば、下手《へた》な鉄砲数撃ちゃ当たる、でいくつかはヒットするでしょう。そして、その当たったことだけが強調されるため、「当たる地震予測」に見えてしまうのです。

予測が変更されることは、やむを得ないことですが、変更前の予測が当たった場合に、後知恵《あと》で「あれで良かった」と、当たったことにしてしまう場合があります。また、場合分けが多いと、結局はそのうちの何かしらが当たる言い方をしていることになってしまいます。

地震予測は、それ自体が予言の特徴のひとつ（悪い出来事）と同じであることは、仕方ありません。だからこそ、空振りはやむを得ないなどと、ニセ予言者と同じような発言は控えるべきです。それでも「見逃さないために、空振りには目をつむるべきだ」という人がいるかもしれません。しかし、東日本大震災をはじめ、見逃してはいけない大地震は見逃されていることを忘れてはなりません。

それでも「私はちゃんと予測していた」と、反論する人がいるでしょうが、彼らが東日本大震災を当てたとする予測は、①数多くの予測、のうちのひとつで、マグニチユード（M）9の地震が起きるなどとは、ひとことも言っていなかったはずです。

●予言から予測へ

地震予測を地震予言と混同されないようにするために、予測情報の発信者が心がけるべきことは、少なくとも次の4つになります。

①しばしば発生する地震ではなく、発生頻度の少ない地震を対象にする。

たとえば、M5クラスの地震ではなく、M7以上の地震を対象にする。または、マグニチュードの小さい地震を対象とするなら、エリアは狭くすることなどです。M5以上の地震は、日本周辺で年間に160個程度発生しています。これがM7以上になると、2個程度と大幅に数が減ります。

また、大きな地震が起きたあとに、余震が起きることは常識であり、それを予測したとしても、あまり威張れることではありません。対象エリアはある程度広範囲でもいいですが、その誤差は広くなりすぎないように、注意する必要があります。リードタイムは長くてもかまいませんが、長ければ長いほどずっと警告状態にあることとから、意味のない予測になってしまいます。

②曖昧さを少なくする。

たとえば、予測が変更される場合は、以前の予測を完全に打ち消すことや、仮に以前の予測が当たったとしても、後知恵《あとぢえ》で「当たっていた」などと、けっして発言しないことです。これをやると、ニセ予言者と同じになってしまいます。その経験は次に生《い》かすだけにしましょう。

③場合分けはやむを得ないが、検証を行なう際は、場合分けされた予測すべてを全予測数に含める。

この場合はこう、その場合はそう、といろいろ場合分けすると、結局そのうちのいずれかが当たるようになってしまいます。場合分けは仕方ありませんが、そのようなケースでは、場合分けされたすべての予測をカウントして、適中率を計算する際の全予測数に含めます。

④予測情報は修正を加えることなく、原本のまま公開する。

これは、地震解析ラボがすでに実施していることですが、第三者が検証できるようにすることは、予言を予測にする上で、非常に重要です。地震予測に否定的な研究者からは、「地震予測研究の成果発表は科学論文ではなく週刊誌」などと嘲笑されています。テレビ番組や週刊誌に出ることを否定しませんが、第三者による検証ができない状態で、「成功率90％」などと宣伝されている状態こそ、まさにオカルト地震予言です。

第三者による検証は、本人が気づかない事実を炙《あぶ》り出してくれる場合もあります。また、本当に人命を救うために、地震予測情報を出しているのであれば、その予測が本当に意味ある情報になっているのかを、検証する必要があります。そのためにも、情報の公開は実施すべきです。ただし、有料会員がいることを考慮して、公開されるデータは、たとえば1年後などがいいでしょう。

●そのとき地方行政は？

ここまでは、地震予測情報の提供者である研究者や民間会社が、社会に信頼されるために必要な、情報提供に対する姿勢についてお話ししてきました。次に、地震予測情報を受け取る側の対応として、まずは地方行政を考えてみたいと思います。

2002年滋賀県大津《おおつ》市では、市消防局が間接的に入手した民間研究者による予測情報に対して、市幹部らに文書や会議で警戒を呼びかけていたことがありました。この民間研究者の地震予測は不確実な情報ですが、世間の漠然とした評価（うわさレベル）では当たるとされていたことが、市消防局のこのような対応の背景にあったのではないかと考えています。

山形県内の市町村に対して行なった地震流言の調査では、仮定の話として、当たるとされる予言者が、当地での大地震発生を予測したときの対応について尋ねています。31市町村の中で、「何もする必要はない」の回答は19％、「関係部署への通達のみ」35％、「住民からの問い合わせに対する対応を考える」45％、「有事の際の対応を確認」32％、「万が一のことを考えて警戒態勢をとる」が3％でした。

不確実な情報であっても、何も対応せずに地震が起きてしまった場合、「行政は、地震予知情報を事前にキャッチしていたにもかかわらず、何も対応しなかったため、被害が拡大してしまった」などと非難される可能性があります。一方で、警戒を呼びかけたにもかかわらず、地震が発生しなければ、今度は「情報の確かさも検証せずに、行政はいたずらに住民を混乱させた」と、非難されるかもしれません。

このことを考慮するなら、担当部局のみが事前準備をしておく程度が、無難かもしれません。

●発災後の対応——何を確認しておけばいいのか？

発災後、具体的にどのようなことをすればよいのかについては、実際に災害を経験した自治体の記録が参考になります。そんなことは「すでにやっている」と、おっしゃる防災担当職員の方もいるでしょう。しかし、今ある対応マニュアルも逐次改訂が必要です。

東日本大震災のときは被災地のみならず、各地でガソリンなどの燃料が不足しました。多くの自治体では、すでに緊急時の優先的な燃料確保について、業者組合などと協定を結んでいるでしょう。では、発災後に各ガソリンスタンドの備蓄状況の把握を、いつ・誰が行なうかは決まっているでしょうか？　消防関係の車両はもちろんのこと、行政が保有する官車の燃料状態の把握についてはどうでしょうか？

地震に限らず、自然災害で被災した自治体がまとめた災害記録誌は、通常、次に生《い》かすために、そのとき何が起こったのか、どのような対応を取ったのかなどが時系列でまとめられています。なかでもお薦めしたいのが岩手県遠野《とおの》市の『3・11東日本大震災　遠野市後方支援活動検証記録誌』です。

この記録誌には筆者（織原）も深く関わっているため、手前味噌にはなってしまいますが、いつ何が起きてどのような対応をとったかだけでなく、誰がどのような指示のもとで行動したのか、情報の伝達はどのように行なわれたのかまで整理されています。先ほどの燃料の把握についても、まとめられています。また、それぞれの対応が地域防災計画などの事前計画に沿ったものなのか、事前計画にない対応なのかについても書かれています。地震予測情報とは直接関係ありませんが、自身の災害対応、ならびに被災地支援の両面で、参考になると思います。

●知っておきたい年齢や性別による違い

山形地震流言の調査では、うわさに対する関心度や、うわさに対する信じやすさは、ともに女子のほうが男子よりも高い割合を示しました。地震予知に関する意識調査では、地震雲、動物異常行動、電気製品の異常が地震の前にあると思うか、そして、占いや予言で地震が予知できると思うか、について質問しています。

その結果、すべての項目で、女子のほうが男子よりも肯定的に考えている割合が高く、比率の差の検定を行なうと、有意な差が認められました（有意水準5％）。中学生と高校生との比較では、中学生のほうが占いや予言による地震予知に肯定的で、動物異常行動は高校生のほうが肯定的でした。これも比率の差の検定を行なうと、有意な差となりました。

ここで注目したいのが、占いや予言に対して、女子中学生の肯定派が34％もいたことです。この調査は２００８年と、今となっては古いものなので、数字（割合）そのものは意味がないかもしれません。しかし、中学生のほうが高校生よりも占いや予言を信じやすいこと、また、男子よりも女子のほうが信じやすいことなどは、今でも同じではないかと思います。

学校の先生は、こうした生徒の年齢や性別による違いがあることを知っていれば、地震流言に対して、より適切な対応ができるのではないかと考えます。ただし、これが差別意識につながらないように、注意を払う必要はあります。

●マスコミも自己検証を

マスコミ報道、特にテレビ番組は、非常に時間が限られています。また、新聞はテレビほどの制約はないものの、字数はやはり限られているため、相手に本意が伝わらない場合や、誤解を与えてしまうことがあります。これは避けることのできない物理的な限界ですが、メディアリテラシーの観点から考えると、視聴者や読者自身が、まずはそうした限界があることを理解しておくべきでしょう。

テレビ番組は視聴率、週刊誌は売り上げ部数が、非常に気になるところです。地震予知はしばしば取り上げられることから、数字の取れるコンテンツであると推測されます。また、その見出しはインパクトのあるもの、センセーショナルな内容が好まれます。番組や記事の中身は、当たるとされる地震予測法によって、次に来る大地震や火山噴火を取り上げることが多くあります。

しかし、当たるとされる手法の科学的な検証はなく、当たった事例を拾い上げているだけであることは、本書でも述べてきました。検証を番組などで独自に行なうことがありますが、それも科学的な検証になっていないものがほとんどです。また、次に来る大地震や火山噴火についても言いっ放しで、後に検証番組や記事が組まれることなど、聞いたことがありません。少なくとも年に一度は、自らの報道内容を検証して欲しいものです。

●準科学データとは？

東日本大震災前に異常変化を示した五葉温泉の地下水データは、源泉の保守管理のために計測していたもので、地震予測研究とはまったく無関係なデータです（第1章）。このように、科学とは無関係に計測されていても、科学研究に用いることができるデータを、筆者らは「準科学データ」と呼んでいます。また、第5章で紹介した四川地震や兵庫県南部地震前のマウスのデータは、それ自体は科学データですが、使われ方の点で準科学データに似ています。

地震予測研究に関係した地下水観測は、国立研究開発法人産業技術総合研究所が、東海地方から四国にかけてのエリアを中心に行なっています。これは、南海トラフの巨大地震を想定しています。しかし、東北の三陸地方では、このような公的研究機関による観測網は展開されていません。準科学データは、このように科学的な観測が手薄な地域で、それを補完するデータとして有用です。

●準科学データが切り拓《ひら》く新たな可能性

地震予測研究の中でも、特に宏観異常現象の研究では、さまざまな計測データが準科学データとして利用できる可能性があります。しかし、準科学データになり得るデータがどこにあり、それを地震予測研究に使用することができるのかは、明らかになっていません。たとえば、地下水のデータにしても、五葉温泉がたまたまデータを記録し、その使用を快諾してくださったからできたまでです。

その他には、一般に公開されているデータに、宝の山が見つかった事例があります。宮城県は、仙台平野を中心に地盤沈下を監視する目的で、地下水観測が、古いものでは30年以上前から行なわれていました。公開されているデータは、２０００年ぐらいからになりますが、月平均の地下水位グラフに、五葉温泉と同じ２０１０年12月からの顕著な水位低下が記録されていました。しかし、それは40本以上ある井戸のうちの1本だけであり、地震との関連については、議論の余地が残ります。

あらためて三陸沖の巨大地震を見てみますと、明治三陸地震から昭和三陸地震までが約40年、昭和三陸地震から東日本大震災までが約70年と、大津波を伴う地震は１００年にも満たない間隔で発生しています。次の地震がそう遠くない将来に起こっても不思議ではありません。

明治三陸でも昭和三陸でも、地震の前に多くの井戸で水位低下や、水のにごりが見られました。また、東日本大震災の前にも地下水異常が確認されました。だからといって、次の巨大地震の前に同じことが起きるとは言い切れませんが、新たな井戸を掘ることなく、今ある地下水観測網で、もしかしたら、次の巨大地震の前兆をとらえることができるかもしれません。各井戸の所有者のご理解を得た上で、データを集約して監視していく価値はあります。

各漁港の漁獲量については、東日本大震災前のイワシの漁獲異常（豊漁）が、地震と関連あるのかないのか、まだ結論が出せない段階でした。今後、さらに詳細なデータを入手して検討する必要はありますが、もし可能性があるとなれば、全国規模でデータを監視していくことを考えてもいいでしょう。

このように、準科学データを活用すれば、低予算でも研究の幅は大きく広がります。地下水や漁獲の異常は、これまで地震前だけの報告でした。本当に地震と関係があると言えるのか、準科学データを活用した、古くて新しい研究が始まっています。

●防災としての地震予測

「地震は予知できないのだから、防災に力を入れるべき」、という意見があります。一方、筆者らは「地震予測は防災のひとつ」と考えています。

日本には、地震発生直後に津波が襲ってくる地域があります。そこに暮らす人たちは、緊急地震速報でも津波から逃げ切れません。静岡県は2013年6月に公表した第四次地震被害想定の一次報告書の中で、「予知なし」と「予知あり」で想定される死者数が一桁違うとしています（予知なし：105000人、予知あり：14000人）。この想定は、津波避難施設の整備不足だけでなく、緊急地震速報ではどんなに早く逃げても逃げ切れない人々の住む地域が、静岡県内に多く存在することを示唆しています。

第6章でお示ししたように、短期・直前地震予知（予測）研究に使われている真の予算は、日本全体で年間二千万円にも満たない額です。一方、防潮堤を中心とした津波対策の2014年の予算は、東京、静岡、大阪、兵庫、高知の5都府県だけで、七千億円にもなります。

防潮堤などはハード面で防災に寄与します。地震予測は研究そのものだけでなく、地域住民への啓発活動などを通して、地域の防災力向上にも貢献することができるため、主にソフト面での寄与になります。防災はハードとソフトの両面で考える必要があり、地震予測研究も、その枠組みの中で貢献することができます。

●予測情報が防災に生かされるために

短期・直前地震予測研究を防災のひとつと考えたとき、現時点でできる直接的な社会還元は、研究過程における防災・減災の啓発活動になります。予測であっても、確度の高い情報が提供できるようになるまでには、ある程度の時間を要します。それまでに私たち研究者ができることは、正しい知識を社会に広めることと心得ています。言い換えるなら、地震予測情報リテラシーを高めることへの貢献です。

また、地震予測とは無関係な準科学データを、地震予測研究に利用しようという動きが広まるかもしれません。地域によっては過去の伝承を参考に、住民自ら井戸を観測したり、潮位《ちょうい》を観測したりするなどの動きが起こるかもしれません（すでに始めているところもあります）。私たち研究者は、観測方法やデータの見方などについて、こうした地域住民のサポートをすることで、自らの研究を社会に還元することもできます。

不確かな予測情報を人命救助に結びつけるには、地域住民の理解と行政の協力が欠かせません。仮に、複数の予測方法によって、大地震発生が疑われた場合、避難に時間を要する高齢者などだけでも、あらかじめ避難施設に移動できれば、人的被害は大幅に減るでしょう。しかし、地震が発生しない場合もあり得ます。そうした事態も想定した準備と、住民の理解が欠かせません。

たいていの地域では、宿泊可能な避難施設は行政が管理しているので、被害発生前からの使用には行政の協力が不可欠です。また、使用にかかる費用は誰が負担するのか、どのような状況のときに開放するのか、などの問題もあります。

こうした架空の話を、バカバカしいと思う方がいるかもしれません。しかし、地震の直後に津波が襲ってくるような地域では、ひとつの手段として考えてみてもいいのではないでしょうか。災害の備えに、これだけあれば他はいらない、といったものはありません。東日本大震災では、「これで安心」と思われていた防潮堤を越えて、津波が襲ってきました。日頃の防災訓練が役立たなかったこともありました。災害の備えは、いくつもの引き出しを用意しておくことが肝要です。

●後予知によるシミュレーション

東日本大震災は誰も予知できませんでしたが、後予知の研究結果の一部を、これまでに紹介してきました。ここでは、これらを使ってシミュレーションを試みたいと思います。

2004年、〈GPS基線長〉三陸沿岸と日本海側を結ぶ二地点間の距離は、ほぼ一定の速度で縮んでいたが、2003年頃から複数の基線で縮み速度の減少傾向が見られるようになる。

〈地球潮汐〉数年前から、東北地方太平洋沖で、地球潮汐と地震の起こり方に相関が見られるようになる。

2005年、GPS基線長と地球潮汐は、傾向が継続。

2006年、GPS基線長と地球潮汐は、傾向が継続。

〈b値〉0・7〜0・8前後で推移していた東北地方太平洋沖の値が0・6程度になる。

（参考）７月、小名浜、大津、波崎の３漁港でマイワシ漁獲量が異常増加。

２００７年、〈ＧＰＳ基線長〉南北に拡大したところ、東北地方北部から茨城県までの太平洋岸でも縮み速度の減少が確認される。地球潮汐は傾向が継続。

〈ｂ値〉低下し続けていた値が０・６を下回る。

〈ＲＴＭ〉東北地方は正常値（ゼロ）のまま。そこで、エリアを日本全土にして再度計算したところ、２００１年頃から静穏化が始まり、２００４年頃をピークにもとに戻り始め、正常値（ゼロ）に戻りつつあることがわかる。静穏化の範囲は東北地方全域を覆《おお》い、関東地方にまでかかるほど広範囲に及ぶ。

（参考）１月、石巻、小名浜、大津、波崎の４漁港でマイワシ漁獲量が異常増加。

２００８年、ＧＰＳ基線長、地球潮汐、ｂ値は傾向が継続。

〈ＲＴＭ〉日本全土の値は前年に正常値（ゼロ）に戻り、その状態が継続。

２００９年、ＧＰＳ基線長、地球潮汐、ｂ値、ＲＴＭは傾向が継続。

（参考）６月、石巻、小名浜、大津の３漁港でマイワシ漁獲量が異常増加。

２０１０年、ＧＰＳ基線長、地球潮汐、ＲＴＭは傾向が継続。

〈b値〉0・5に近づく。

〈地下水〉12月、岩手県大船渡市の深井戸で急激な水位低下があり、同時に水温も低下する（3年間の観測ではじめての出来事）。さらに、宮城県の観測井戸40本のうち、水位が安定していた1本の井戸で、急激な水位低下が確認される。

（参考）11月、八戸、大船渡、石巻、小名浜、波崎の5漁港で、マイワシ漁獲量が異常増加。

2011年1月、GPS基線長、地球潮汐、b値、RTM、地下水は傾向が継続。

2011年2月、GPS基線長、地球潮汐、b値、RTMは傾向が継続。

〈地下水〉昭和三陸地震で異常が見られた岩手県大船渡市の井戸でも水位が低下。これで、計3本の井戸で水位低下が確認される。

2011年3月、GPS基線長、地球潮汐、b値、RTM、地下水は傾向が継続。

（参考）前月に、宮古、大船渡、気仙沼、小名浜、波崎、銚子の6漁港で、マイワシ漁獲量が異常増加。

2011年3月9日、M7・8

2011年3月11日、M9・0

●予測情報公開の問題点

後から見ると、数年前から異常を示すデータの種類が一つ一つ増え、数カ月前にはさらにその種類や数が増え、巨大地震に至っているようです。参考の漁獲異常も意味ある情報のように見えてしまいます。地球潮汐、GPS基線長、b値、そしてRTMからは、震源が東北地方沿岸で、地震の規模がM8以上なることが予測できます。しかし、そこまで大きな地震が起こるはずがないというバイアスにより、M9になることまでは予測できなかったでしょう。また、「いつ」についても、明確にわかりません。井戸の異常が確認され、「いよいよか?」とはなるかもしれませんが、明日かあさってか、それとも来週か、まではわかりません。

このような予測情報が短期予測として、本当に人命救助に役立つのでしょうか?

前提として、観測を行なっている研究者間では、情報共有がなされていたと仮定します。ここでは、地球潮汐、GPS基線長、b値、RTM、そして地下水の五者があります。そのうち、2つの観測項目以上で異常が確認された場合にアクションを起こすとして、それは、気象庁に報告することでしょうか？　では、気象庁はその情報をどのように扱うのでしょうか？　それとも、記者会見を開き世間一般に公開するのでしょうか？　予測がはずれて、訴訟沙汰になったときはどうするのでしょうか？

また、情報を公開すれば、間違いなく地震予言が出てくるでしょう。別の要素も加わり、地震流言が発生することも考えられます。ちょっと考えただけでも、社会の混乱を招かずに、情報を有効活用することは、そう簡単ではないことが想像できます。

事前に避難することについても、どの段階で行なうべきかの判断は、容易ではありません。地下水異常が確認された時点だとしても、3カ月も地震を待ち続けることになります。先ほど「事前避難もひとつの手段として」と言いましたが、地域住民や行政の理解と協力がなければ、予測情報を人命救助に結びつけることは難しいでしょう。

だからこそ、研究者は地震予測の研究と合わせて、地域住民への防災啓発活動などを通して、信頼関係を作っていく必要があるのです。不確かな予測情報が、真に防災・減災に役立つかは、これから次第です。

●地震発生を予測しない地震予測へ

地震予測は、地震発生を予測するものです。しかし、発生の予測は、たとえそれが予測情報として価値がないものであっても、当たったことばかりが誇大に宣伝されて、市民を惑《まど》わします。また、見逃ししないために、と予測情報を乱発して、これまた、当てずっぽうと同じ確率でも、当たったことばかりが宣伝されてしまいます。

こうした現状を変えるには、地震が起きることを予測しないのが一番です。4つの窓の「安全宣言」を行なうことです。一年のうちほとんどが安全宣言となるような、大地震のみを対象とすれば、当たる予測情報かそうでないかが一目瞭然です。また、防災面でも意味ある情報になります。

社会にとって意味ある予測情報とは、小さい地震を100個当てることではなく、災害につながるような地震だけを、極論を言えば、大規模災害となるような地震だけを当てることではないでしょうか。その巨大地震をはずさないために、警告情報を出しつづける予測方法は、「常に準備をしておくように」という心構えで十分まかなえます。今は巨大地震が起きない、といった予測のほうが、わかりやすいし役に立つ情報だと読者の皆さまはお思いになりませんか。

主な参考文献（ここでは一般の方にも入手しやすい日本語の書物を中心に関連の深い章ごとに掲載しました。）

第1章

・都司嘉宣（著）『千年震災―繰り返す地震と津波の歴史に学ぶ―』ダイヤモンド社（2011）
・気象研究所　2011年東北地方太平洋沖地震前に見られた前兆的現象（2012）
〈http://www.bousai.go.jp/jishin/nankai/yosoku/pdf/20130528yosoku_s11.pdf〉
・黒沢大陸（著）『「地震予知」の幻想―地震学者たちが語る反省と限界―』新潮社（2014）

第2章

・カナダオンタリオ州教育省（編）FCT（訳）『メディア・リテラシー―マスメディアを読み解く―』リベルタ出版（1992）
・長尾年恭（著）『地震予知研究の新展開』近未来社（2001）
・上田誠也（著）『地震予知はできる』岩波科学ライブラリー79（2001）
・池上彰（著）『池上彰のメディア・リテラシー入門』オクムラ書店（2008）

・清水克彦・岸尾祐二（著）『メディアリテラシーは子どもを伸ばす』東洋館出版社（２００８）
・荻上チキ・飯田泰之・鈴木謙介（著）『ダメ情報の見分けかた―メディアと幸福につきあうために―』NHK出版生活人新書（２０１０）
・戸田山和久（著）『「科学的思考」のレッスン―学校では教えてくれないサイエンス―』NHK出版新書（２０１１）

第３章
・早川正士（著）『地震は予知できる！』ベストセラーズ（２０１１）
・串田嘉男（著）『地震予報』PHP新書（２０１２）
・村井俊治（著）『地震は必ず予測できる！』集英社新書（２０１５）
・地震解析ラボ〈http://earthquakenet.com/blog/verification〉
・PHP新書『地震予報』フォローページ〈http://www.jishin-yohou.com/〉
・JESEA地震科学探査機構〈http://www.jesea.co.jp/〉

第４章
・菊池聡・谷口高士・宮元博章（編著）『不思議現象　なぜ信じるのか―こころの科学入門―』北大路

書房（1995）
・菊池聡（著）『超常現象をなぜ信じるのか』講談社ブルーバックス（1998）

第5章

・尾池和夫（著）『中国の地震予知』NHKブックス（1978）
・ヘルムート・トリブッチ（著）・渡辺正（訳）『動物は地震を予知する』朝日選書 朝日新聞社（1985）
・弘原海清（著）『前兆証言1519！』東京出版（1995）
・池谷元伺（著）『地震の前、なぜ動物は騒ぐのか』NHKブックス（1998）
・力武常次（著）『予知と前兆』近未来社（1998）
・吉村昭（著）『三陸海岸大津波』文藝春秋（2004）
・池谷元伺（著）『動物の地震予報』PARADE BOOKS（2005）
・東海大学海洋研究所地震予知研究センター宏観異常現象研究班
〈http://www.sems-tokaiuniv.jp/namazu/〉

第6章
・力武常次（著）『地震予知』中公新書（1974）
・島村英紀（著）『公認「地震予知」を疑う』柏書房（2004）
・日本地震学会地震予知検討委員会（編）『地震予知の科学』東京大学出版社（2007）
・ロバート・ゲラー（著）『日本人は知らない「地震予知」の正体』双葉社（2011）
・横山裕道（著）『いま地震予知を問う―迫る南海トラフ巨大地震―』化学同人（2014）
・東海大学海洋研究所地震予知研究センター〈http://www.sems-tokaiuniv.jp/EPRCJ/〉

第7章
・佐藤達哉（編）現代のエスプリ別冊『流言、うわさ、そして情報―うわさの研究集大成―』（廣井脩（著）地震予知流言・予言 80-93p）至文堂（1995）
・川上善郎（著）『うわさが走る　情報伝播の社会心理』サイエンス社（1997）
・平塚千尋（著）『災害情報とメディア』リベルタ出版（2000）
・廣井脩（編著）『災害情報と社会心理』北樹出版（2004）
・ジュセリーノ・ノーブレガ・ダ・ルース（著）『未来予知ノート』ソフトバンククリエイティブ（2007）

第８章
・力武常次（監修）『地震予知がわかる本』オーム社（１９９５）
・菊池聡（著）『予言の心理学―世紀末を科学する―』ＫＫベストセラーズ（１９９８）
・神沼克伊・溝上恵・島村英紀・杉原英和・泊次郎・平田光司（著）『地震予知と社会』古今書院（２００３）
・遠野市総務部沿岸被災地後方支援室（編）『遠野市後方支援活動検証記録誌』遠野市（２０１３）

さらにご興味をお持ちの場合は、オープンアクセス（Ｗｅｂから無料ダウンロード可）の本書著者による原著論文をご覧ください（タイトルから検索できます）

・（神津島・地電位差異常）Y. Orihara et al., “Preseismic Anomalous Telluric Current Signals Observed in Kozu-shima Island, Japan” Proc. Nat. Acad. Sci., doi:10.1073/pnas.1215669109. (2012)
・（３１１先行現象まとめ）T. Nagao et al., “Precursory Phenomena Possibly Related to the 2011 M9.0 Off the Pacific Coast of Tohoku Earthquake”, Journal of Disaster Research, 9(3) 303-310 (2014)

・（五葉温泉・地下水異常）Y. Orihara et al, "Preseismic Changes of the Level and Temperature of Confined Groundwater related to the 2011 Tohoku Earthquake", Scientific Reports doi:10.1038/srep06907 (2014)
・織原義明他『「２００８年6月山形大地震発生の噂」に関する調査』東海大学海洋研究所研究報告31 79–94（２０１０）
・織原義明・鴨川仁『理数系教員志望大学生の科学リテラシー―宏観異常現象と超常現象、血液型占いに関する意識調査より―』東京学芸大学紀要 自然科学系64 31–36（２０１２）
・織原義明他『留学生と日本人大学生との科学リテラシーに関する意識比較―宏観異常現象と超常現象、血液型占いに関する意識調査より―』東京学芸大学紀要 総合教育科学系Ⅱ64（2）３５１–３５７（２０１２）
・織原義明・野田洋一『２０１１年東北地方太平洋沖地震前に発生したマス・ストランディング―鹿島灘における鯨類のストランディングと日本周辺の地震との関係―』東海大学海洋研究所研究報告36 39–46（２０１５）

切りとり線

★読者のみなさまにお願い

この本をお読みになって、どんな感想をお持ちでしょうか。祥伝社のホームページから書評をお送りいただけたら、ありがたく存じます。今後の企画の参考にさせていただきます。また、次ページの原稿用紙を切り取り、左記まで郵送していただいても結構です。

お寄せいただいた書評は、ご了解のうえ新聞・雑誌などを通じて紹介させていただくこともあります。採用の場合は、特製図書カードを差しあげます。

なお、ご記入いただいたお名前、ご住所、ご連絡先等は、書評紹介の事前了解、謝礼のお届け以外の目的で利用することはありません。また、それらの情報を6カ月を越えて保管することもありません。

〒101-8701（お手紙は郵便番号だけで届きます）
祥伝社新書編集部
電話03（3265）2310
祥伝社ホームページ　http://www.shodensha.co.jp/bookreview/

★本書の購買動機（新聞名か雑誌名、あるいは○をつけてください）

＿＿＿＿新聞の広告を見て	＿＿＿＿誌の広告を見て	＿＿＿＿新聞の書評を見て	＿＿＿＿誌の書評を見て	書店で見かけて	知人のすすめで

★100字書評……地震前兆現象を科学する

名前

住所

年齢

職業

織原義明　おりはら・よしあき

1965年栃木県生まれ。山形大学理学部地球科学科卒。理化学研究所研究員、足利市議会議員を経て、現在、東京学芸大学教育学部物理科学分野専門研究員。専門は地球物理学、科学教育、地域防災。博士（理学）。

長尾年恭　ながお・としやす

1955年東京都生まれ。東京大学大学院修了。大学院在学中に日本南極地域観測隊に参加、昭和基地で越冬。金沢大学助手を経て、現在東海大学海洋研究所教授、地震予知研究センター長。専門は地震予知・減災等。理学博士。

地震前兆現象《じしんぜんちようげんしよう》を科学《かがく》する

織原義明《おりはらよしあき》・長尾年恭《ながおとしやす》

2015年12月10日　初版第１刷発行

発行者……………竹内和芳
発行所……………祥伝社《しょうでんしゃ》
〒101-8701　東京都千代田区神田神保町3-3
電話　03(3265)2081(販売部)
電話　03(3265)2310(編集部)
電話　03(3265)3622(業務部)
ホームページ　http://www.shodensha.co.jp/

装丁者……………盛川和洋
印刷所……………萩原印刷
製本所……………ナショナル製本

Printed in Japan　ISBN978-4-396-11449-7　C0244